高等学校材料与工程类专业"十四五"规划教材

U0270455

焊 接 实 验

（第 2 版）

主　编　徐震霖

副主编　唐晓军

参　编　杨　磊　张皖菊
　　　　庞　刚

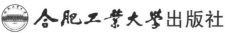

合肥工业大学出版社

内容提要

本书为高等学校焊接技术与工程专业课程的实验教材。本书对焊接专业的弧焊电源、焊接冶金学、金属焊接性、焊接工艺及设备、焊接结构、焊接检验等课程的实验内容进行了归纳和整理。本书着重介绍了焊接设备、焊接材料、焊接工艺、焊接检验等内容,包括演示性、验证性、设计性和综合性实验教学内容。具有理论与实践紧密结合的特点,有利于提高学生的焊接实验水平,培养学生进行生产实践及科学研究的综合素质。本书不仅可为各类高等学校的焊接专业提供实验教学需要,也可供各行业从事焊接技术的工程人员参考。

图书在版编目(CIP)数据

焊接实验/徐震霖主编. —2 版. —合肥:合肥工业大学出版社,2021.7
ISBN 978 - 7 - 5650 - 5344 - 3

Ⅰ.①焊… Ⅱ.①徐… Ⅲ.①焊接—实验—高等学校—教材 Ⅳ.①TG4 - 33

中国版本图书馆 CIP 数据核字(2021)第 084545 号

焊接实验(第 2 版)

徐震霖 主编   责任编辑 刘 露

出 版	合肥工业大学出版社	版 次	2014 年 10 月第 1 版
地 址	合肥市屯溪路 193 号		2021 年 7 月第 2 版
邮 编	230009	印 次	2021 年 7 月第 3 次印刷
电 话	理工图书出版中心:0551 - 62903004	开 本	787 毫米×1092 毫米 1/16
	营销与储运管理中心:0551 - 62903198	印 张	7 字 数 162 千字
网 址	www.hfutpress.com.cn	印 刷	安徽联众印刷有限公司
E-mail	hfutpress@163.com	发 行	全国新华书店

ISBN 978 - 7 - 5650 - 5344 - 3   定价:32.00 元
如果有影响阅读的印装质量问题,请与出版社市场营销部联系调换。

前　言

　　焊接技术与工程专业是一门集材料学、机械学、电工学、计算机技术等学科于一体的综合性、交叉性学科，并具有突出的实践性。焊接专业特别强调培养学生的工程应用能力，因为社会需要的不仅仅是掌握焊接专业理论知识的研究型人才，更需要能胜任焊接方面的生产工艺及管理和焊接技术开发等工作的应用创新型人才。焊接实验课程旨在培养学生的动手能力和创新能力，对培养高素质焊接专业工程人才具有重要的意义。

　　随着焊接技术与工程专业相关实验设备的研发和更新，部分实验方法不断得到改进和完善。为了满足教学的需要，本书在第1版的基础上进行了修订。本教材从焊接实践出发，重点介绍各种焊接设备的组成及原理、不同焊接工艺和方法、常用的焊接检验方法、焊接材料的制备及性能测试、焊接接头的组织及性能等内容。通过焊接实验的教学，一方面用于验证课程的理论知识，另一方面培养学生的实践创新能力。除了一些涉及焊接专业基本知识的验证性实验外，本书还开设了一些与科研和工程实践相结合的综合设计性实验，旨在培养和提高学生进行生产实践及科学研究的综合素质。

　　全书共有二十个实验内容。实验一和实验二介绍了弧焊电源的组成及各元件的作用、电弧的特性等。实验三和实验四介绍了焊接热循环曲线测定及焊接温度场热模拟。实验五至实验十一主要介绍了焊接材料选配、各种焊接工艺方法和焊接技能的运用。实验十二至实验十八介绍了金属焊接性的评价及常用焊接检验方法。实验十九和实验二十为综合性实验，侧重于对学生综合实践能力的培养，突出应用性和学科的交叉融合性。本书配有符合国家标准要求的焊缝质量评定内容，供学生学习时参考。另外，本书还介绍了焊接过程中的安全防护知识。

　　本书是配合焊接专业课程学习的一本实验教材，不仅可为各类高等学校的焊接专业提供实验教学需要，也可作为各类生产部门的焊接技术人员焊接技能培训教材。

本书由安徽工业大学徐震霖任主编，唐晓军任副主编，杨磊、张皖菊和庞刚三位老师均参与了教材的编写。在编写本书过程中，我们参阅了很多文献，同时还得到了多位专业人士的悉心指导，在此对所有给予本书帮助的人们表示衷心感谢。尽管我们在编写过程中尽心尽力，但由于水平和精力有限，书中难免存在疏漏和不足，恳请读者批评指正。

编　者

2021 年 3 月

目　录

实验一　弧焊电源内部结构观察

【实验目的】

(1)了解弧焊电源的种类。

(2)了解弧焊电源组成的各种元件及其作用。

(3)掌握各种焊接电弧形成的机理。

(4)了解各种焊接规范对弧焊电源的要求。

【实验设备与材料】

(1)AX1-500直流弧焊发电机1台。

(2)ZX5-400直流弧焊机1台。

(3)NBC-315 CO_2 气体保护焊机1台。

(4)ZXG-300-1型交直两用弧焊机1台。

(5)BX1-250交流弧焊机1台。

(6)MZ-1000A直流弧焊机1台。

【实验内容】

1.弧焊电源的基础知识

弧焊方法按焊接工艺分类有:焊条电弧焊——用于手工操纵焊条进行焊接的电弧方法;埋弧焊——电弧在焊剂层下燃烧,利用电路系统和机械装置控制送丝和移动电弧的焊接方法;气体保护焊——利用外加气体作为电弧介质,并保护电弧、金属熔滴、焊接熔池和焊接区高温金属的电弧焊方法。

弧焊电源按焊接电流分类有交流弧焊电源、直流弧焊电源、脉冲弧焊电源、逆变式弧焊电源。

弧焊电源按控制技术分类有机械式控制、电磁式控制、模拟电子式控制、数字式控制。

为满足焊接工艺的基本要求,弧焊电源的电气性能应考虑以下四个方面:①对弧焊电源外特性的要求;②对弧焊电源调节性能的要求;③对弧焊电源动特性的要求;④对弧焊电源空载电压的要求。

弧焊变压器是一种特殊的降压变压器,其原理与一般电力变压器相同,但为了满足弧焊工艺要求而具有以下特点:①为稳弧要求有一定的空载电压和较大的电感;②主要用于焊条电弧焊、埋弧焊、气体保护焊,应具有下降的外特性;③为了调节电弧电流、电压,应具备可调的外特性。

焊接电弧是由气体电离形成的。气体分子和原子都是中性的,为了使气体电离必须做到以下几点:①用一束高能量的电子去撞击;②给分子加热提高其相互碰撞的能量;③用光照的方法给分子提供能量。当中性分子和原子受到外界能量和高能量电子撞击就会分裂出正离子、负离子、电子和原子核,从而导电。

焊接电弧在焊接过程中作为能量的传递必须做到以下几点:①保证引弧容易;②保证电弧稳定;③保证焊接规范稳定;④具有足够宽的焊接规范调节范围。

2. 弧焊变压器

(1)空载

用于焊接的能源一般取自于电网,为了使其满足焊接所需要的工艺要求,可以通过弧焊变压器进行转换,弧焊变压器的作用是把电网电压降至焊接所需要的电压。在日常使用的变压器中常忽略漏磁作用,而在弧焊变压器中却要增大漏磁通的作用。如图 $1-1$ 所示,变压器空载时在一次绕组上施加电压 U_1,产生了空载电流 I_0 和磁通 Φ_1,Φ_1 中的一部分经铁芯闭合为空载主磁通 Φ_0,它是耦合磁通;另一部分经空气闭合的为空载漏磁 Φ_{L0},Φ_0 分别与 W_1、W_2(一次、二次绕组)耦合,各产生感应电动势 E_{10}、E_{20},在二次输出端输出空载电压 U_0。

$$E_{10} = -N_1 \times d\Phi_0/dt = -N_1 \times d(\Phi_{0m}\sin\omega t)/dt = N_1\omega\Phi_{0m}\sin(\omega t - 90°)$$

$$E_{10} = N_1\omega\Phi_{0m}/\sqrt{2} = 4.44fN_1\Phi_{0m}$$

$$U_1 \approx 4.44fN_1\Phi_{1m} \qquad (1-1)$$

令 $\Phi_0/\Phi_1 = \Phi_0/(\Phi_0+\Phi_{L0}) = K_M$,其中 K_M 为耦合系数,其值为 $0\sim1$,它说明一次、二次绕组间耦合的紧密程度。

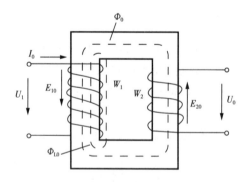

图 $1-1$　弧焊变压器空载运行示意图

变压器空载时有漏磁 Φ_{L0},在一次绕组中也就产生了漏感电动势 E_{L0} 或感抗压降 I_0X_1,根据克式电压定律,可以写出变压器一次电路的复数电压方程式为

$$U_1 = jI_0X_1 + I_0R_1 - E_{L0} \qquad (1-2)$$

$$E_{L0} = -U_1 + jI_0X_1 + I_0R_1 \qquad (1-3)$$

式中:X_1、R_1 分别为一次绕组的漏抗和电阻。

（2）负载

如图1-2所示，在一次绕组上施加电压 U_1，二次绕组与负载 R_{f2} 接通。于是在一次、二次回路各有电流 I_1、I_2 和相应的磁势 I_1N_1、I_2N_2。它们共同产生主磁通 Φ 并经铁芯闭合，而又各自产生只与本身绕组匝链、经闭合的漏磁通 Φ_{L1} 和 Φ_{L2}。主磁通 Φ 穿过一次、二次绕组分别产生感应电动势 E_1 和 E_2。漏磁通 Φ_{L1} 和 Φ_{L2} 分别在一次、二次绕组产生漏感电动势 E_{L1} 和 E_{L2}，且在各自的回路中串入了电抗器（感抗值等于漏磁感抗），接有电抗器的弧焊变压器如图1-3所示。

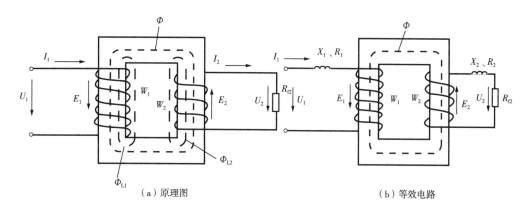

（a）原理图　　　　　　　　　　　（b）等效电路

图1-2　变压器负载运行原理图

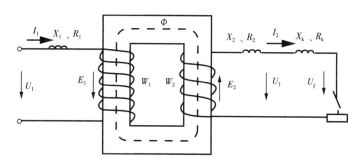

图1-3　接有电抗器的弧焊变压器

上述关系可表示如下：

$$U_f = U_0 - jI_2(X_1 + X_2 + X_k) - I_2(R_1 + R_2 + R_k) \tag{1-4}$$

令 $X_1 + X_2 = X_L$，称为变压器总漏抗，而 R_1、R_2 和 R_k 值较小可以忽略，且 $I_2 = I_f$（I_f 为负载电流或电弧电流），则有 $U_f = U_0 - jI_f(X_L + X_k)$，令 $X_L + X_k = X_z$，于是 $U_f = U_0 - jI_fX_z$，弧焊变压器的外特性方程式也可写成以下形式：

$$I_f = \frac{\sqrt{U_0^2 - U_f^2}}{X_L + X_k} \tag{1-5}$$

由方程式可以容易看出，改变 X_L 或 X_k 可调节焊接电流 I_f。

根据获得外特性的方法不同可分为串联电抗器式、增强漏磁式。串联电抗器式有分体式和同体式两种,增强漏磁式有动铁心式、动绕组式和抽头式三种。

3. 磁放大器

磁放大器在硅整流器中作为控制和调节元件,主要用于调节弧焊电源的外特性形状、调节外特性,从而调节电弧电流或电弧电压。具有单铁芯磁放大器的交流电路如图 1-4 所示。

由铁芯和直流控制绕组 W_C 和交流工作绕组 W_A 组成的磁路,其磁阻取决于磁导率 μ,而 μ 是由磁放大器工作时铁芯的磁状态(饱和程度),即工作于磁化曲线上的区段而决定。当磁场强度增大时,铁芯将由不饱和渐渐变得饱和,即

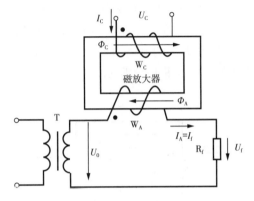

图 1-4　具有单铁芯磁放大器的交流电路

μ 由大变小,磁阻则由小变大。因而只要控制铁芯的磁状态,即可控制其具有不同的磁阻,以致在相同的 $I_A N_A$ 作用下产生不同的 $\Delta\Phi$,从而可以控制外特性。

4. 硅弧焊整流器

因为交流电弧有过零点的特性,所以交流弧焊电源的稳定性不如直流弧焊电源好。直流弧焊电源是在交流基础上通过整流器整流而来的,常见的整流器有硅整流器和晶闸管整流器两种,如图 1-5 所示。

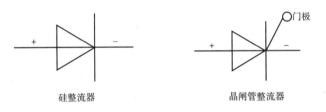

图 1-5　硅整流器与晶闸管整流器

5. 晶闸管整流器

晶闸管整流器的导电特性:①正向只是导通的前提,但导通情况还要看在正向状态下有没有触发信号的产生,触发信号是一种毫伏级大小的脉冲信号,当晶闸管处在正向导通状态前提时,一旦触发脉冲提供了一个门极信号,也就使得晶闸管阀门被打开,晶闸管处于正向导通状态。②反向截止。当晶闸管处在反向状态下,无论是否有触发信号其都不会导通。晶闸管的触发脉冲在晶闸管处在正向状态下起打开阀门的作用,一旦阀门被打开,触发脉冲将失去它的作用,晶闸管要靠反向冲击电流来关断。

晶闸管弧焊整流器的组成如图 1-6 所示,主电路由主变压器 T、晶闸管整流器 UR和输出电感 L 组成。AT 为晶闸管的触发电路。当要求得到下降外特性时,触发脉冲的相位由给定电压 U_{gi} 和电流反馈信号 U_{fi} 确定;当要求得到平外特性时,触发脉冲相位则由给定电压 U_{gu} 和电压反馈信号 U_{fi} 确定。此外,还有操纵、保护电路 CB。

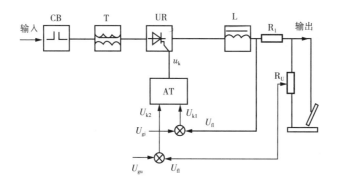

图 1-6 晶闸管弧焊整流器的组成

6. 晶闸管式脉冲弧焊电源

晶闸管式脉冲弧焊电源的主电路和控制电路的工作原理,与晶闸管式弧焊整流器的工作原理基本相同,晶闸管式脉冲弧焊电源可分为晶闸管给定式和晶闸管断续式脉冲弧焊电源两种类型。晶闸管给定式脉冲弧焊电源的脉冲电流和基本电流都是由同一电源供给,脉冲频率、脉冲电流和基本电流幅值、脉冲宽比等均可无级调节,操作方便,频率调节范围小,易于实现一机多用,但控制线路比较复杂,不易维修。晶闸管断续式脉冲弧焊电源中起开关作用的晶闸管断续器,把直流弧焊电源供给的连续直流电流切断变为周期性尖端的脉冲电流。晶闸管的几种基本关断电路如图 1-7 所示。

(1)如图 1-7(a)所示电路,VT_1 导通时,电容 C 经 R_1 充电至电压值为 U 停止,C 上电压为左正右负。在 VT_2 导通时,C 上的电压加到 VT_1 上,使其受反向电压而关断。同时,C 被反向充电,左负右正。在 VT_1 再次导通时,VT_2 承受反向电压而关断。这样,一个晶闸管导通使另一个晶闸管关断,不断循环,从而使负载 R_1 或 R_2 得到脉冲电流。

为了使 VT_1 上的反向电压一直保持到可靠关断时为止,时间常数 CR_2 应具有足够大的数值,即应大于 VT_1 的额定关断时间。

(2)如图 1-7(b)所示电路,VT_2 导通时,C 经 R 充电至电压 U,C 上的电压上正下负,VT_1 导通时,VT_2 受反向电压而关断。同时,C 经电感线圈 L 和 VD 放电,至 C 的电压等于零为止。但由于 C 上的电能已转换为 L 中的电磁能,电流不会终止,并对 C 反向充电,为 VT_1 再次导通时关断 VT_1 做准备。以此类推,VT_1 与 VT_2 不断轮流导通与关断。VD 用以阻止 C 反向放电。

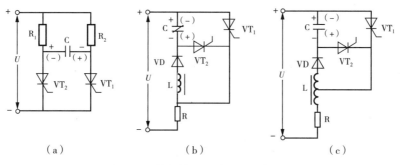

| (a) | (b) | (c) |

图 1-7 晶闸管的几种基本关断电路

(3)图1-7(c)所示电路与图1-7(b)所示电路的区别在于 L 像自耦变压器那样工作。因此,C 被充电的电压超过 U,存储的能量增加,以便在大负载电流的情况下,也能使晶闸管可靠地关断。

7. 晶闸管式弧焊逆变器

晶闸管作为大功率电子开关元件并具有弧焊工艺所需电气性能的逆变器,称为晶闸管式弧焊逆变器,如图1-8所示。在逆变电路中,使晶闸管由导通转为关断通常是在管子的阳极与阴极间施加一定时间的反向电压,使之在短时间内关断。

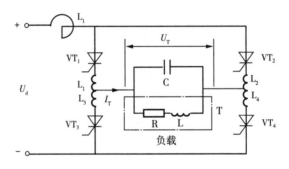

图1-8　并联式逆变主电路

晶闸管 VT_1、VT_4 触发导通,直流电压 U_d 经电抗器 L_1 和晶闸管 VT_1、VT_4 加到负载 L、R,同时,对换流电容 C 充电,当晶闸管 VT_2、VT_3 触发导通并使晶闸管 VT_1、VT_4 关断时,直流电压 U_d 反向加到负载 L、R 上。与此同时,电容 C 放电迫使晶闸管 VT_1、VT_4 关断,为了关断已导通的晶闸管实现换流,必须在负载两端接入换流电容器 C,迫使未工作的晶闸管受反向电压可靠关断。

【实验方法与步骤】

(1)对照 BX1-250 交流弧焊机观察 T 形动铁芯式弧焊变压器特点,并观察其元器件组成。

(2)对照 NBC-315 CO_2 气体保护焊机,观察动绕组式弧焊变压器特征及硅整流器、输出变压器、降压变压器、送丝电路、气流控制电路、风扇等。

(3)观察 ZX5-400 直流弧焊机的主变压器、晶闸管整流器、输出电抗器、脉冲触发器、电流互感器、风扇等组成元件。

(4)观察 AX1-500 直流弧焊发电机式弧焊电源的组成特征。注意观察其换向器的特点与作用。

(5)观察 ZXG-300-1 型交直两用弧焊机电源的主变压器、硅整流器、输出电抗器、磁放大器、控制电路等特征,并注意观察由冷却风机进行的一级保护特点。注意观察其滤波电路的特点,在做直流弧焊电源使用时用输出电抗器来滤波交流分量,当作交流弧焊电源使用时用电容器组来滤波交流分量。

(6)观察 MZ-1000A 直流弧焊机电源的三相硅整流器、磁放大器、输出电抗器、控制电路的特征。

【**实验结果与分析**】

（1）简述各类弧焊机的主要组成元件与作用。

（2）简述硅整流管和晶闸管的导通特性有什么区别。

（3）简述弧焊电源为满足焊接工艺所具备的条件。

实验二　直流 TIG 焊电弧静态伏安特性及弧压与弧长特性

【实验目的】

(1)了解直流 TIG 焊电弧在 30～300A 范围内,电弧电压、电弧电流及弧压与弧长之间的相互关系。

(2)掌握电弧静态伏安特性的测试方法。

(3)验证电弧静特性的形态。

【实验设备与材料】

(1)TIG 焊接用焊枪 1 把。

(2)硅整流电源(ZXG - 300)1 台。

(3)镇定电阻器 1 台。

(4)高频振荡器 1 台。

(5)水冷铜极 1 块。

(6)直流电流表(附 75mV/600A 分流器)1 台。

(7)直流电压表 1 台。

(8)减压阀和氩气流量计 1 套。

(9)氩气 1 瓶。

【实验内容】

电弧的静态伏安特性(简称电弧静特性)是指一定长度的电弧在稳定状态下,电弧电压和电弧电流之间的关系,可用下列函数式表示:

$$U_f = f(I_f) \tag{2-1}$$

电弧静态伏安特性实验装置如图 2 - 1 所示。

电弧静特性是焊接电弧的重要电特性之一。在一定的弧长下,电弧电流从小到大逐渐递增时,伏安特性呈现类似 U 形,如图 2 - 2 所示。

事实上,电弧电压是由阳极区压降、阴极区压降和弧柱区压降三部分组成,当焊接电流变化时,阳极压降几乎保持不变,阴极压降和弧柱压降都发生变化,我们可以把图 2 - 2 分为三个部分:在Ⅰ段,电弧呈负阴特性,即电弧电阻随电流增加而减少。这是因为在阴极区,阴极斑点的面积小于电极端部的面积,随着焊接电流的增加,斑点面积也相应增

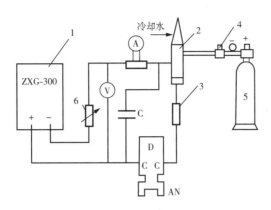

1—弧焊电源;2—TIG 焊枪;3—水冷钢板;4—减压阀及流量计;5—氩气瓶;6—镇定电阻器;
A—电流表;V—电压表;C—旁路电容;D—高频振荡器;AN—按钮。

图 2-1 电弧静态伏安特性实验装置

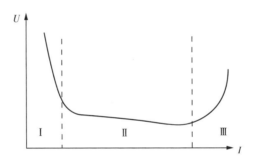

图 2-2 电弧电流伏安特性

加,使阴极斑点的电流密度 $J_i = I_f/S_s$ 基本不变,使阴极压降不变。但是在弧柱区,随着 I_f 的增加,弧柱截面 S 却比 I_f 增加得更快,导致弧柱电流密度 $J_i = I_f/S_s$ 降低。此外弧柱电导率也增加,从而使弧柱压降下降,所以这一段曲线是下降状态。在 II 段,电弧呈等压特性,即电弧电阻为无阻特性。在此区域内,阴极区压降仍然保持不变;弧柱区由于 I_f 的增加和弧柱截面的成比例增加,弧柱电流密度保持不变,弧柱电导率随 I_f 增加使弧柱温度增加到一定程度时便不再增加,又使弧柱压降保持不变,在这一段曲线为水平段。在 III 段,电弧电压又随电流的增加而增加,电弧电阻呈现正值。此时阴极区斑点随 I_f 的增加而增加,到了一定程度不能再增加,使得阴极斑点电流密度上升。再则,为了增加阴极区的电子发射能力,需要提高阴极表面的电场强度,这使阴极压降上升,而弧柱区在此段内电导率和弧柱截面都基本保持不变,电流密度就随 I_f 的增加而增加,所以这一段曲线为上升状态。不同材料、不同尺寸的电极以及不同介质中所产生的电弧的静特性变化趋势基本如此。

当电弧稳定燃烧时,电弧电流与电弧电压既处于电弧静特性上,又要符合电源的外特性,所以电弧特性与电源外特性的交点就是电弧的稳定工作点。图 2-1 中串接一只镇定电阻器,是为了扩展小电流的测试范围,并增加小电流电弧的稳定性。

手工电弧焊使用的焊接电流,一般在 II 区内变化,即在电弧伏安特性的水平段工作,

当电弧电流处在此区域时,电弧电压与电流的关系如下:

$$U_\mathrm{f} = a + bI_\mathrm{f} \qquad\qquad (2-2)$$

式中:U_f——电弧电压;

　　　a——电弧的阴极压降和阳极压降之和;

　　　b——电弧弧柱的电位梯度;

　　　I_f——电弧长度。

　　由上式可见,电弧处在第 Ⅱ 段时电弧电压与弧度呈线性关系,在实际生产中,可以通过改变保护气体的种类、电极材料,来改变电弧的电位梯度以及阴极、阳极压降,以满足工艺上的需要。

【实验方法与步骤】

　　1. 测量电弧伏安特性

　　(1)熟悉本实验所用的仪表和器材,了解直流电流配用分流器的用法。按实验装置连线(拧紧连接部位的螺帽),并由其他同学检查接线是否正确无误,给焊枪和水冷铜板通入冷却水,打开氩气瓶的阀门(不要接上电压和电流表)。

　　(2)对准焊炬的标尺,把电极间的距离调节到 2mm 的高度,接通焊机和高频振荡器的电源,把氩气流量调节到 10L/min。

　　(3)启动高频振荡器,产生电弧,接上电流表和电压表。

　　(4)调节镇定电阻箱的阻值和电流调节器旋钮,记下电极在 2mm、电流在 10～300A 范围内变化时,相应的电流和电压值(要求至少不少于 10 个点的数值),把对应的电流和电压值记录于表 2-1 中。

　　(5)熄弧后改变电弧长度,把镇定电阻器和电流调节器恢复到初始状态,重复③④过程,完成表 2-1 内容。

表 2-1　数据记录

电极间距离 2mm					
I_f/A					
U_f/V					
电极间距离 4mm					
I_f/A					
U_f/V					
电极间距离 6mm					
I_f/A					
U_f/V					

　　2. 测量弧压弧长特性

　　(1)把电极调节到 2mm,以同样的方式产生电弧。

(2)将电弧电流保持在 150A,记下相应的电压数值,填入表 2-2 中。

(3)分别把电极调节到 4mm、6mm,重复①②过程,完成表 2-2 内容。

表 2-2　数据记录

焊接电流/A	电极间距离/mm	电弧电压/V
150	2	
	4	
	6	

3. 观察电弧电压变化

在一定焊接电流下慢慢提拉焊接电弧观察电弧电压的变化。

【实验结果与分析】

(1)以电弧电压为纵轴,电弧电流为横轴,按不同弧长时对应的电压和电流值,描绘出电弧静特性(或编制出计算机程序,输入对应的电压和电流值,用打印机打印出电弧静特性曲线)。

(2)以电弧电压为纵轴,电弧长度(电极间距离)为横轴,描绘出电弧电压-电弧长度特性曲线,并求出弧柱电位梯度及阴极、阳极压降之和。

(3)分析影响弧柱电位梯度及阴极、阳极压降的因素。

(4)弧长的变化对电弧的静特性的影响如何?

(5)分析影响测量精度的因素。

实验三　焊接热循环曲线的测定

【实验目的】

(1)了解焊接热循环曲线的特征和主要参数。

(2)了解焊接规范对热循环曲线的影响。

(3)掌握测定焊接热循环曲线的方法。

【实验设备与材料】

(1)钨极自动氩弧焊机 1 台。

(2)电容储能式焊机 1 台。

(3)镍铬-镍硅(镍铝)或铂铑 10 - 铂热电偶丝($\Phi0.2\sim\Phi0.5\mathrm{mm}$)一个。

(4)氩气。

(5)数字温度仪一台。

(6)300mm×200mm×20mm 低碳钢板(可采用 A3、16Mn 等)。

(7)电压表、电流表、秒表、$\Phi4\mathrm{mm}$ 或 $\Phi5\mathrm{mm}$ 钻头等。

【实验内容】

焊接热循环是指焊接工件上某点经历焊接过程时的温度变化,其温度 T 与时间 t 可用 $T = f(t)$ 这一函数关系来描述,表示这一关系的曲线称为该点的热循环曲线。

如图 3 - 1 所示为低合金钢手弧焊的焊件上热影响区不同点的焊接热循环曲线。从该图可以看出:离焊缝熔合线越近的点,加热速率越大;峰值温度越高,冷却速率也越大,并且所有点的加热速度都比冷却速度要大得多。这表示焊接接头影响区都经历了一个焊接的特殊热处理过程,从而对焊件金属的组织和性能产生强烈的影响。因此,实际测量并正确控制焊接热循环,对于了解和控制热影响区金属的组织和性能具有重要意义。

焊接热循环曲线各主要参数可以借助焊热过程的理论公式 $T = f(x,y,z,t)$ 计算出来,但由于计算时所采用的假定条件与实际焊接条件出入较大,计算所得的理论热循环曲线对比实际测得的曲线仍有较大误差,所以目前实际上用实测的方法来获得热循环曲线。

测定焊接热循环的方法,大体上可分为接触式和非接触式两类。在非接触测定法中,近年来发展了红外测量及热成像技术。这种方法的实质是从弧焊熔池的背面,摄取温度场的热像(红外辐射能量分布图),然后把热像分解成许多像素。通过电子束扫描实现光电和电光转换,在显像管屏幕上获得灰度等级不同的点构成的图像,该图像间接反

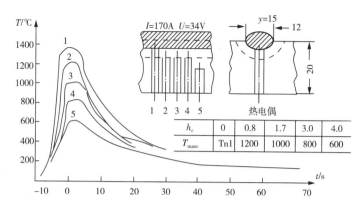

图 3-1 低合金钢手弧堆焊的焊件上热影响区不同点的焊接热循环曲线

（t 为从电弧通过测量点正上方时开始算起的时间）

映了焊接区的温度场变化,经过计算机图像处理和换算,便可得出某一瞬间或动态过程的真实温度场。这种测量方法的优点是测量装置不直接接触被测物体,不会搅拌和破坏被测物体的温度和热平衡,反应快、灵敏度高,并且可以连续测温和自动记录。目前在国内已开展这方面的研究,但由于这种测量方法需要较复杂的设备和技术,所以尚未大量推广。

另一种方法为接触式测温,例如目前最常用的热电偶测温,它是建立在热电偶两端由于温度差而产生热电势的基础上。测温时把热电偶焊到被测点上,热电偶的另一端接在 XY 函数记录仪上,焊接时被测点温度的变化在热电偶中产生热电势的变化,这一电势变化被 XY 函数记录仪自动记录下来,然后对照电势与温度换算表,就可得到被测点的热循环曲线。这种方法简单、直观,测出的温度有一定的精确性,因此是目前最主要的测温方法。

【实验方法与步骤】

(1)在试板上钻三个 $\Phi4$ 或 $\Phi5$ 测温孔,并用相应平头铰刀把孔底部铰平。用深度尺实测深度,并记录下来。

(2)将热电偶测量端用力扭在一起,分别把每对热电偶丝的端头用电容储能式焊机焊合,形成球状热结点。

(3)把热电偶小球状测温端用储触式焊偶仪焊接到测孔的顶端,务必确保焊牢。热电偶的正负极电绝缘分离开来,并采取加固措施,以防移动时热电偶脱落或短路。

(4)按图 3-2 把试板、热电偶、XY 函数记录仪、焊接电源等接好,检查核对,特别要注意热电偶的正负极不能接反,铂铑 10-铂热电偶丝中铂 10 接正极,镍铬-镍硅电偶丝中镍铬丝应接正极(热电偶的正负极可按下法区别:若是铂铑 10-铂热电偶,略加弯曲,较硬者为铂铑 10-铂热电偶丝;若是镍铬-镍硅热电偶用磁铁能吸住者为镍铬-镍硅电偶丝)。

(5)选择合适的函数记录仪量程和走纸速度,检查确保焊接时电弧能沿三个测温孔上方中心线移动。

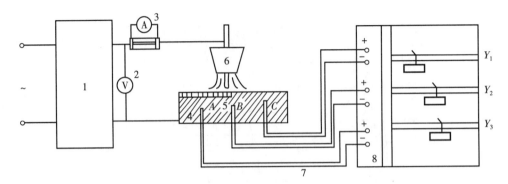

1—弧焊整流器；2—电压表；3—电流表；4—试件；5—测温孔；6—TIG焊炬；7—热电偶；8—XY函数记录仪。

图3-2 焊接热循环曲线测定方法示意图

(6)选择合适的焊接方法和焊接规范参数，建议按表3-1所列参数进行选择。

表3-1 测温用的焊接方法和规范参数

试板编号	焊接规范			焊接方法
	焊接电流/A	电弧电压/V	焊接速度/(mm·s^{-1})	
1	100	12～14	2.85	钨极自动氩弧焊
2	170	12～14	2.85	(不加填充线)

(7)进行焊接，观察记录焊接过程电流、电压等参数和有关现象。

【实验结果与分析】

(1)根据所得的三条实测热循环曲线，对照电热和温度换算表把纵坐标代表的电热换算成温度，就获得了以温度、时间为坐标轴的A、B、C三个测温点的实测热循环曲线。

注意：热循环曲线测温起始点表示环境温度的电势值，换算时应予以计入。

(2)把实测的热循环曲线各参数和其他数据，填入表3-2中。

表3-2 数据记录

试板编号	测温孔号	测温孔深度/mm	T_m/℃	加热至T_m所需时间/s	990℃停留时间/s	800℃～500℃冷却时间/s	500℃瞬时冷却速度/(℃·s^{-1})	焊接线能量/(J·mm^{-1})
1	A							
	B							
	C							
2	A							
	B							
	C							

（续表）

试板编号	测温孔号	测温孔深度/mm	T_m/℃	加热至 T_m 所需时间/s	990℃ 停留时间/s	800℃～500℃ 冷却时间/s	500℃瞬时 冷却速度/ (℃·s⁻¹)	焊接线 能量/ (J·mm⁻¹)
3	A							
	B							
	C							

（3）焊接规范的其他参数（如焊接时间 t、电弧电压 U、焊接速度 v 和预热温度 T_0 等）对热循环曲线有何影响？

（4）热循环曲线对判断试板上 A、B、C 三点的组织变化有何作用？

（5）试以理论公式计算被测点最高加热温度 T_m、900℃以上高温停留时间、500℃瞬时冷却速度，并与实测结果比较，分析误差原因。

实验四　焊接温度场的热模拟

【实验目的】

(1)了解焊接热循环曲线特征与主要参数。

(2)了解焊接方法对焊接热循环曲线的影响。

(3)掌握模拟焊接热循环曲线的方法。

【实验设备与材料】

(1)Gleeble-3500热模拟机1台。

(2)直流电焊机1台。

(3)真空泵和循环水冷机各1台。

(4)K型热电偶(φ0.2mm)。

(5)11mm×11mm×76mm低碳钢试样。

(6)焊接热循环热模拟模块一套。

【实验内容】

1. 焊接过程与焊接热影响区的研究

焊接过程中热源沿焊件移动时,焊件上某点温度由低而高,达到最高值后,又由高而低随时间变化,这称为焊接热循环。它是描述焊接过程中热源对被焊金属的热作用。焊接是一个不均匀加热和冷却的过程,也可以说是一种特殊的热处理,从而使热影响区造成不均匀的组织和性能。

对于低碳合金钢,焊缝两侧发生组织和性能变化的区域称为热影响区(Heat affected zone),如图4-1所示。在焊缝和母材之间,除了融合区,都可以认为是热影响区。根据最高温度的不同,又分为过热粗晶区、相变重结晶区、不完全结晶区和时效脆化区。这些区域不仅最高温度不同,而且热循环曲线的形状也不同。

焊接热循环过程的特点:(1)加热温度高;(2)加热速度快;(3)高温停留时间短;(4)焊接时,一般都是在自然条件下连续冷却,个别情况下需要进行焊后保温或焊后热处理;(5)局部加热。

2. 焊接热循环过程中的参数

(1)加热速度(ω_H)

焊件上某点从初始温度被加热到峰值温度过程中,单位时间内温度的升高值被称为加热速度。随着加热速度的提高,钢的相变温度 A_{c1} 和 A_{c3} 将随之提高,奥氏体的均质化

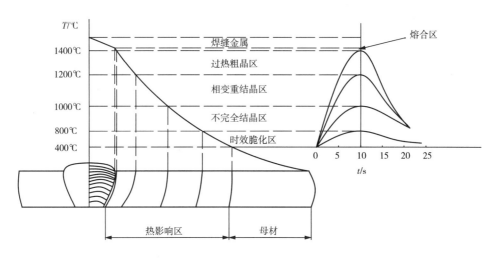

图 4-1 焊接热影响区示意图

和碳氮化合物的溶解过程也将变得不充分,将影响到随后冷却过程中的相变产物及其特征。

(2)加热的最高温度(T_m)

热循环的峰值温度即焊接加热的最高温度。这个温度对于焊接热影响区金属的晶粒长大、相变组织以及碳氮化合物溶解有很大影响。

(3)在相变温度以上的停留时间(t_H)

高温停留时间 t_H 为焊接加热和冷却过程中在相变温度以上的停留时间,包括加热过程的停留时间 t 和冷却过程的停留时间 t'',$t_H = t + t''$。t_H 越长,越有利于奥氏体的均质化过程,但 t_H 越长,奥氏体晶粒越容易长大;特别是在温度较高时(如 1100℃以上),即使停留时间不长,晶粒也会严重长大。

(4)冷却速度(ω_c)和冷却时间($t_{8/5}$、$t_{8/3}$、t_{100} 等)

焊接过程中的冷却速度是一个不易准确描述的变化量,在工程实际应用中常用冷却时间 $t_{8/5}$、$t_{8/3}$ 或 t_{100} 来表述焊接冷却过程。$t_{8/5}$、$t_{8/3}$ 为焊接冷却过程中温度从 800℃到 500℃或从 800℃到 300℃的冷却时间;t_{100} 为焊后冷却到 100℃所花时间。

3. 利用模型求解热循环曲线

在热模拟过程中,需要建立相应的温度模型,通过模型求解不同材料以及不同热输入条件下的热循环曲线。本次实验采用 Rykalin3-D 模型求解热循环过程,温度模型如式(4-1)所示。

$$T(t) = \frac{E}{2\pi\lambda t} \exp\left[-\frac{r^2}{4(\lambda/\rho c)t}\right] \qquad (4-1)$$

式中:E——输入线能量(J/cm);

λ——热导率[W/(cm·℃)];

ρ——密度(g/cm³);

c——热容[J/(g·℃)];

r——某点离电弧中心线距离(cm);

t——时间(s)。

同理,可算出有关 E、r 值分别为

$$E = \frac{2\pi\lambda\Delta t}{\dfrac{1}{T_2 - T_0} - \dfrac{1}{T_1 - T_0}} \qquad (4-2)$$

$$r = \sqrt{\frac{2E}{\pi e T_{\max} c\rho}} \qquad (4-3)$$

【实验方法与步骤】

(1) 根据选取材料确定参数,对于低碳钢可以取 $\lambda = 0.32\text{W}/(\text{cm} \cdot ℃)$、$\rho = 7.4\text{g}/\text{cm}^3$、$c = 0.65\text{J}/(\text{g} \cdot ℃)$。根据不同焊接方法,确定模拟用的线能量。

① 模拟手弧焊:线能量取 10000J/cm,最高温度选用 1300℃,通过式(4-3)可知 $r = 0.612$。代入式(4-1)可知温度曲线为

$$T(t) = \frac{4976.11}{t}\exp\left(-\frac{1.4075}{t}\right) \qquad (4-4)$$

② 模拟埋弧焊:线能量取 80000J/cm,最高温度取 1300℃,通过式(4-3)可知 $r = 1.7315$。代入式(4-1)可知温度曲线为

$$T(t) = \frac{39808.92}{t}\exp\left(-\frac{11.2662}{t}\right) \qquad (4-5)$$

③ 模拟电渣焊:线能量取 350000J/cm,最高温度取 1300℃,通过式(4-3)可知 $r = 3.622$,代入式(4-1)可知温度曲线为

$$T(t) = \frac{174164.01}{t}\exp\left(-\frac{49.298}{t}\right) \qquad (4-6)$$

(2)将热电偶焊接在试样上,将试样安装在焊接热循环热模拟模块中,准备实验。将热模拟操作室关闭,并抽真空,减少高温试验过程中试样和热电偶的氧化程度。

(3)根据所选材料设置参数,并在程序中建立温度曲线。

(4)启动热模拟试验机,对不同线能量条件下的热循环过程进行模拟。

【实验结果与分析】

(1)把实验中的温度记录在表 4-1 中,根据每次热模拟的记录数据,绘制相应的焊接热循环曲线。

(2)把实测的热循环曲线参数记录在表 4-2 中。

(3)分析焊接方法对焊接热循环曲线及主要参数的影响。

表 4-1　焊接热循环曲线测定

第一组数据:手弧焊,线能量 10kJ/cm														
时间(t)	1	2	3	4	5	6	7	8	9	10	11	12	13	15	17
温度(T)															
时间(t)	19	21	23	25	27										
温度(T)															

第二组数据:埋弧焊,线能量 80kJ/cm												
时间(t)	1	2	3	4	5	6	7	8	9	10	11	12
温度(T)												
时间(t)	13	25	35	45	55	65	75	85	95	105	115	
温度(T)												

第三组数据:电渣焊,线能量 350kJ/cm												
时间(t)	5	10	15	20	25	30	35	40	45	50	55	60
温度(T)												
时间(t)	100	150	200	250	300	350	400	450	500			
温度(T)												

表 4-2　主要参数测定

焊接方法	升温至 800℃的时间/s	最高温度 T_{max} 的时间（并记录温度值）/s	冷却至 800℃的时间/s	冷却至 500℃的时间/s
手弧焊				
埋弧焊				
电渣焊				

实验五　焊接接头和焊接材料与焊接方法选配

【实验目的】

(1)了解焊接接头的主要形式与不同厚度的坡口设计方法。

(2)了解不同焊接材料的焊接方法选择。

(3)了解不同焊接工艺参数的选配方法。

【实验内容】

1. 焊接接头的形式

焊接接头的主要基本形式有四种:对接接头、T 形接头、角接接头和搭接接头,如图 5-1所示。

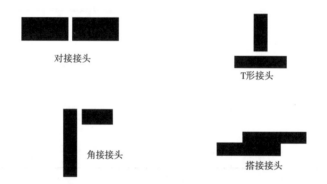

图 5-1　常见的各种焊接接头的形式

对接接头是将两块钢板的边缘相对配合,并使其表面成一直线而结合的接头。这种接头能承受较大的静力和震动载荷,所以是焊接结构中最常用的接头形式。其强度可以达到与材料相同,受力均匀,压力容器中筒体与封头等重要部位的连接均采用对接接头。一般焊件厚度小时不开坡口,当厚度超过 8mm 时是要有坡口的。

T 形接头是两个构件相互垂直或倾斜一定角度而形成的焊接接头。这种接头焊接操作时比较困难,整个接头承受载荷的能力,特别是承受震动载荷的能力比较差。由于构件组成的复杂多样性,这种接头在焊接结构中也是较为常见的形式之一。

角接接头是将两块钢板配置成直角或某一定的角度,而在钢板的顶端边缘上进行的焊接接头。角接接头不仅用于板与板之间的角度连接,也常用于管与板之间,或管与管之间的连接。

搭接接头是将两块钢板相叠,而在相叠端的边缘采用塞焊、开槽焊进行的焊接接头形式。这种接头的强度较低，只能用于不太重要的焊接构件中。

焊接接头分类的原则仅根据焊接接头在工件中所处的位置而不是按焊接接头的形式分类，所以，在设计焊接接头形式时，应由工件的重要性、设计条件以及施焊条件等确定焊接结构。这样，同一类别的焊接接头在不同的工况条件下，就可能有不同的焊接接头形式。

2. 坡口的形状

坡口是为了满足焊接工艺的需要，在焊件上的焊接部位加工并装配成一定几何形状的沟槽。

坡口的开法是根据焊接接头的形式、焊接材料的厚度及焊接质量的要求来开的，一般坡口的形式为 K 形、V 形、I 形、U 形、X 形、Y 形、双边 V 形、双边 U 形等。焊条电弧焊常用的坡口形式和尺寸如图 5-2 所示。

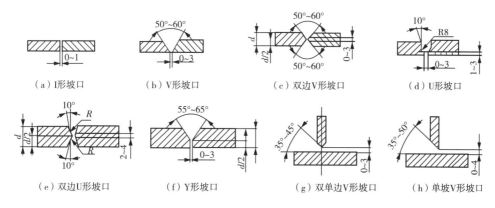

（a）I形坡口　　　　（b）V形坡口　　　　（c）双边V形坡口　　　　（d）U形坡口

（e）双边U形坡口　　　（f）Y形坡口　　　（g）双单边V形坡口　　　（h）单坡V形坡口

图 5-2　焊条电弧焊常用的坡口形式和尺寸

开坡口是为了保证工件根部焊透，便于清理焊渣，获得较好的焊缝成形。焊件开坡口时，沿焊件接头坡口根部的端面直边部分叫钝边。钝边的作用是防止根部烧穿，但钝边值太大，又会使根部焊不透。

常规的坡口可以由砂轮机打磨而成，也可以由火焰切割机、大型铣边机、刨边机、等离子切割机及激光切割机等切割制作而成。

3. 焊接材料的选择

焊接材料就是焊接时所消耗的材料，主要由焊条、焊丝、保护气体、电极、熔剂等组成。为了得到高质量的焊接接头，首先要合理选择焊接材料。焊接材料的选用一般根据以下几个方面来考虑。

（1）为满足焊接接头使用性能的要求

焊接接头性能主要包括：常温、高温短时强度，弯曲性能，冲击韧性，硬度，化学成分等，以及一些技术标准和设计图纸中对接头的特殊要求等。如持久强度、蠕变极限、高温抗氧化性能、抗腐蚀性能等。

（2）对焊接接头制造工艺性能和焊接工艺性能的要求

经焊接组成的构件，在制造过程中不可避免要进行各种成型和切削加工，例如，冲压、卷、弯、车、刨等加工工序，这就要求焊接接头具有一定的塑性变形能力、切削性能和高温综合性能等。焊接工艺则根据母材的焊接性差异,要求焊接材料的工艺性能良好,并具有相应的抗裂纹等缺陷的能力。

(3)考虑合理的经济性

在满足上述各种使用性能、制造性能的最低要求的同时,应选择价格便宜的焊接材料,以降低制造成本,提高经济效益。例如,重要部件的低碳钢焊条电弧焊时,应优先选用碱性药皮焊条,因为碱性焊条脱氧、脱硫充分,且含氢量低,具有良好的焊缝金属抗裂纹性能及冲击韧性。而对于一些非重要部件,可选用酸性焊条,因为酸性焊条具有良好的工艺性能,又满足非重要部件的性能要求,而且价格便宜,可降低制造成本。

4. 碳素钢、低合金钢焊接材料的选择

(1)等强性原则

焊接接头作为部件的一部分,其焊缝抗拉强度应不小于母材标准抗拉强度规定值的下限。同时,应注意焊接材料熔敷金属的抗拉强度不能高于母材抗拉强度太多,否则将导致焊缝性能降低,硬度增大,不利于后期的制造成型。选择高温运行下焊接接头的材料时,也应考虑其高温短时抗拉强度或持久强度不低于母材的对应值。

一般碳素钢和普通低合金钢焊接时,选择焊接材料主要考虑焊接材料的抗拉强度,可不考虑熔敷金属的化学成分与母材匹配;但 Cr - Mo 耐热钢材料焊接时,不仅要考虑熔敷金属的化学成分与母材匹配,还应考虑合金元素的匹配,以保障焊接接头的综合性能与母材一致。

在特殊情况下部件按材料的屈服强度计算。在必须满足设计应力允许条件时,就必须以屈服强度的等强性为主要考虑因素。

(2)等韧性原则

选择焊接材料时,应保证焊缝的冲击韧性满足有关标准的要求。由于部件的运行工况不同,在运行中常常会发生由于韧性不足而产生的脆性破坏,尤其是低温工作的部件或高强度厚壁部件更容易发生脆性破坏。所以,有关标准对焊接接头的冲击韧性指标都有明确要求。然而标准不同对接头冲击韧性的要求也各不相同。《蒸汽锅炉安全技术监察规程》中规定,焊接接头的冲击韧性,不得低于母材冲击韧性规定值的下限,当母材没有冲击韧性要求时,则不得低于 27J,《压力容器》(GB 150—2011)中规定,接头冲击韧性值要求按钢材最低抗拉强度而确定。

低温容器其冲击韧性值应不低于母材的规定值下限,而 ASME 法规 Ⅷ - 1 则根据材料的强度级别、厚度、工作温度、设计应力与许用应力之比的值,来确定接头是否要保证冲击韧性性能。如果接头有冲击韧性要求,则又根据强度级别和厚度规定冲击韧性的最低保证值。

(3)考虑制造工艺的要求和影响

部件在焊接以后,往往还要经过各种成型加工工序,如卷、压、弯、校等工艺。因此,焊接接头和母材都要具有一定的加工变形能力,其中最主要的是冷变形能力,衡量其方法为接头的弯曲试验。

5. 不锈钢焊接材料的选择

对不锈钢焊接材料的选择要根据其母材的组织特征分别对待处理,但是等强性原则对它们都完全适用。

（1）对奥氏体不锈钢焊接材料的选择，主要考虑焊缝的抗腐蚀性能。如用于高温高压条件下，短时工作要求有一定的高温短时强度，长期工作则要求保证焊缝金属有足够的持久强度和蠕变极限。从熔敷金属的化学成分选择焊接材料时，主要考虑熔敷金属的化学成分与母材成分相当，包括力学性能、抗腐性能等。此外，还要特别注意制造技术条件或图纸对抗腐蚀性能的特殊要求。为了防止焊接过程中产生晶间裂纹，最好选用低碳（超低碳）含 Ti、Nb 的不锈钢焊接材料。焊条药皮中或焊剂中，如 SiO_2 含量过高，就不适用于奥氏体钢的焊接。为防止焊缝热裂纹（凝固裂纹），应控制 P、S、Sb、Sn 杂质的含量，尽可能避免焊缝金属生成单相奥氏体组织。在选择奥氏体不锈钢焊接材料时，应注意焊接方法对熔敷金属化学成分的影响，钨极氩弧焊对焊缝金属化学成分变化的影响最小。

（2）马氏体不锈钢焊接材料也可以采用奥氏体不锈钢的焊接材料，此时必须考虑母材稀释对焊缝金属的影响，通过适当的 Cr、Ni 含量，避免在焊缝金属中形成马氏体组织，例如焊条电焊时，采用 A312（E309Mo）焊条焊接 1Cr13 马氏体。

（3）对铁素体不锈钢焊接材料的选择应了解铁素体不锈钢，通常也采用与母材同质的焊接材料，但是焊缝的铁素体组织粗大而韧性很差，可以通过焊接材料中增加 Nb 含量来改善钢化铁素体组织，同时也可以通过热处理来改善焊缝金属的韧性。

6. 异种钢的焊接材料选择

低碳钢与低合金钢之间的焊接以及不同材质的低合金钢之间的焊接均属于同种异质材料钢的焊接。这类钢材之间的焊接，可按低档材质以及强度级别或合金元素含量低的材质选择焊接材料。选择低档材料比高档材料焊接性能要好，价格也较为便宜，有利于降低制造成本。

7. 焊接工艺及焊接设备的选择

常见的焊接工艺和切割工艺见表 5-1 所列。不同的焊接工艺适用于不同的焊接材料、用途、经济效益等。因此，必须了解各种不同焊接方法的特点。

表 5-1　常见的焊接工艺和切割工艺

金属类型	焊接工艺						切割工艺		
	手工	MIG	埋弧	交流 TIC	直流 TIC	电阻点焊	碳弧包刨 交流	碳弧气刨 直流	等离子
钢	●	●	●		●	●		●	●
不锈钢	●	●	●		●	●			●
铝		●		●		●		●	●
铸铁	●							●	●
紫铜、黄铜		●		●			●		●
钛				●	●				●
镁合金			●						●
电导体									●
技能水平	中	中	低	高	高	低	中	中	低

注：" ● "为推荐工艺。

(1)手工电弧焊(SMAW)

手工电弧焊较适用于户外和有风的环境,当焊接有锈或较脏的金属,其有良好的适宜性。

(2)熔化极惰性气体保护焊(MIG)

熔化极惰性气体保护焊的其焊接方法简单,有较高的焊接速度和效率,在薄板焊接时可提供较好的控制,可提供无焊渣的干净焊缝。同样的设备可用于管状焊丝焊接,脉冲熔化极惰性气体保护焊具有较好的适用性和生产率,几乎可对各种金属进行各种位置的焊接,可使用较大直径的焊丝、无飞溅,可焊接薄板和厚金属。

(3)熔化极活性气体保护焊(MAG)

MAG 焊主要用于焊接碳钢和低合金钢,不适用于焊接铝、镁、铜等容易被氧化的金属及合金。适合非正常位置的焊接(难焊的位置),在厚截面焊接时有深的熔深,增大金属的熔敷率。

(4)电阻焊(ERW)

电阻焊具有便携式,在轻工业应用中操作很容易;加热时间短、热量集中,故热影响区小,变形与应力也小,通常在焊后不必安排校正和热处理工序;不需要焊丝、焊条等填充金属,以及氧、乙炔、氢等焊接材料,焊接成本低等特点。

(5)埋弧焊(SAW)

埋弧焊具有高的熔敷率,可提高焊接速度和生产率,具有高质量标准和 X 射线要求的良好机械性能。因为电弧在焊剂下进行焊接,所以可改善焊接工作者的工作环境。

(6)钨极惰性气体保护焊(TIG/GTAW)

钨极惰性气体保护焊可提供最好的质量和最精致的焊缝,具有非常漂亮的焊缝外观。

(7)激光焊(LBW)

激光焊适合微型零件和可达性很差的部位的焊接,具有热输入低、焊接变形小、不受电磁场影响等特点。

(8)等离子焊(PAW)

等离子焊具有能量集中、穿透力强、单面焊双面成形、坡口制备简单(直边坡口)、质量稳定及生产率高等一系列优点,特别适合各种难熔、易氧化及热敏感性强的金属材料的焊接。

8. 焊接电流和焊接速度的选择

焊接电流是影响焊接接头质量和生产率的主要因素。电流过大,金属熔化快、熔深深、金属飞溅大,同时易产生烧穿、咬边等缺陷;电流过小,易产生未焊透、夹渣等缺陷,而且生产率低。确定焊接电流时,应考虑焊条直径、焊接厚度、接头形式、焊接位置等因素,其中主要的是焊条直径。一般情况下,细焊条选小电流,粗焊条选大电流。焊接低碳钢时,焊接电流和焊条直径的关系由下列经验公式确定:

$$I = (30 \sim 60)d \tag{5-1}$$

式中:I——焊接电流(A);

d——焊条直径(mm)。

焊接速度是指焊条沿焊缝长度方向单位时间内移动的距离,它对焊接质量影响很大。焊接速度过快,易导致焊缝的熔深浅、熔宽小及未焊透等缺陷;焊接速度过慢,焊缝熔深深、熔宽增加,特别是在薄件焊缝时容易产生烧穿。确定焊接电流和焊接速度的一般原则是在保证焊接质量的前提下,尽量采用较大的焊接电流值,在保证焊透且焊缝成形良好的前提下尽可能快速施焊,以提高生产率。

手工电弧焊焊条直径主要是根据焊件的厚度、焊接位置、焊道层数及接头形式来决定的。焊接厚度较大时,选用较大直径焊条。平焊时,可采用较大电流焊接。横焊、立焊或仰焊时,因焊接电流比平焊小,焊条直径也相应小些。多层焊的打底焊,用较小直径焊条,最后收焊时可选用较大直径焊条。焊件厚度与焊条直径推荐表见表5-2所列。

表5-2 焊件厚度与焊条直径推荐表

焊件厚度/mm	1.5~2	2.5~3	3.5~4.5	5~8	10~12	>13
焊条直径/mm	1.6~2	2.5	3.2	3.2~4	4~5	5~6

手工电弧焊焊接电流大小,主要根据焊件厚度、接头形式、焊接位置、焊条型号、焊条直径来选择。

立焊、横焊、仰焊时,焊接电流比平焊电流小10%~20%。不锈钢焊条、合金钢焊条因电阻大,热膨胀系数较高,焊接大电流时,焊条会因发红使药皮脱落,影响焊接质量。在施焊中,焊接电流要相应减小。

【实验结果与分析】

(1)焊接接头的形式主要有哪些?

(2)什么是坡口钝边?其大小对焊接有什么影响?

(3)焊接材料的选择主要根据哪几个原则?

(4)对不锈钢焊接材料的选择应考虑哪几个方面?

(5)异种钢的焊接材料选择应考虑哪些方面?

(6)焊接电流是根据哪些因素来确定的?

实验六　手工电弧焊

【实验目的】

(1)加深理解手工电弧焊的原理、特点及运用。

(2)掌握手工电弧焊接的基本方法。

【实验设备与材料】

(1)手弧焊机 1 台。

(2)低碳钢板。

(3)碱性焊条、酸性焊条。

(4)角磨机、敲渣锤、钢丝刷、量具、焊接面罩、焊接手套等。

【实验内容】

手工电弧焊亦称焊条电弧焊,是利用焊条和焊件之间的电弧使金属和母材熔化形成焊缝的一种焊接方法。如图 6-1 所示,焊接过程中,在电弧高热作用下,焊条和被焊金属局部熔化。由于电弧的吹力作用,在被焊金属上形成了一个椭圆形充满液体金属的凹坑,这个凹坑称为熔池。同时,熔化了的金属向熔池过渡。焊条药皮熔化过程中会产生一定量的保护气体和液态熔渣,产生的气体充满在电弧和熔池周围,起隔绝大气的作用;液态熔渣浮起盖在液体金属上面,也起着

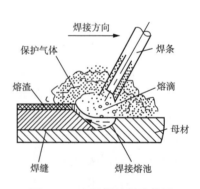

图 6-1　电弧焊过程示意图

保护液体金属的作用。熔池中液态金属、液态熔渣和气体间进行着复杂的物理、化学反应,称之为冶金反应,这种反应起着精炼焊缝金属的作用,能够提高焊缝质量。

1. 碳钢焊条的选择

碳钢焊条一般按焊缝与母材等强的原则选用,但在焊缝冷却速度大(如薄板施焊、单层焊)时,往往也选用强度比母材低一级的焊条。而对于厚板的多层焊及焊后需进行正火处理的情况,为防止焊缝强度低于母材,可选用强度比母材高一级的焊条。不同强度级别的母材施焊,应选用强度级别较低的钢材作为焊条。

2. 低合金焊条的选用

对强度级别较低的钢材,其选用原则与低碳钢焊条相同,基本上是等强原则。对强

度级别较高的钢材,特别是高强度钢,选用焊条时,应侧重考虑焊缝的塑性;对于铬钼钢,则着眼于接头的高温性能;对于镍钢,则重点考虑焊缝的低温韧性。低合金异种钢焊接时,应该依照强度级别较低钢种选用焊条,施焊工艺则依照强度级别选择较高钢种工艺,同时还应注意其他因素。

3. 焊接工艺要求

手工电弧焊的工艺参数有焊条直径、焊接电流、焊接速度、焊道层数、电源种类和极性等。

(1)焊条直径选择

焊条直径选择是根据被焊工件厚度、接头形状、焊接位置和预热条件来确定的,通常有 1.6mm、2.5mm、3.2mm、5.0mm、5.8mm 等。根据被焊工件的厚度,焊条直径按表6-1进行选择。

表6-1 焊条直径的选择

板厚/mm	1～2	2～2.5	2.5～4	4～6	6～10	＞10
焊条直径 Φ/mm	1.6 或 2.0	2.0 或 2.5	2.5 或 3.2	3.2 或 4.0	4.0 或 5.0	5.0 或 5.8

带坡口多层焊时,首层用 Φ3.2 焊条,其他各层用直径较大的焊条。立、仰或横焊时,焊条直径不宜大于 4.0mm,以便形成较小的熔池,减少熔化金属下淌的可能性。焊接中碳钢或低合金钢时,焊条直径应适当比焊接低碳钢时要小一些。

(2)焊接电流的选择

焊接电流对焊接过程质量和生产率的影响见表6-2所列。

表6-2 焊接电流对焊接过程质量和生产率的影响

焊接电流大小	电流过小	电流过大
影 响	熔渣、铁水分不开	飞溅小
	电弧不稳定	渣的覆盖与焊道外观成形不良
	焊道成形窄而高	焊条过热发红或药皮脱落
	容易产生焊瘤、夹渣、未熔合	焊缝区易过热变脆
	熔深浅	容易产生咬边、裂纹、气孔
	焊条熔化速度慢,生产率低	熔深过大,易烧穿

焊接电流的选择,与焊条的类型、焊条直径、工件厚度、焊接接头形式、焊缝位置以及焊接层次有关系,其中关系最大的是焊接直径。通常,焊接电流和焊接直径有以下关系:

$$I = k \times d \qquad (6-1)$$

式中:I——焊接电流(A);

d——焊条直径(mm);

k——经验系数;

当焊条直径 d 为 1～2mm 时,k 为 25～30;d 为 2～4mm 时,k 为 30～40;d 为 4～6

时,k 为 40～60。

　　根据以上公式所求得的焊接电流只是一个大概数值。对于相同直径的焊条焊接不同材质和厚度的工件,焊接电流亦不同。一般板越厚,焊接热量散失得越快,应取电流值的上限;对焊接输入热要求严格控制的材质,应在保障焊接过程稳定的前提下取下限值。对于横、立、仰焊时所用的焊接电流应比平均的数值小 10%～20%。焊接中碳钢或普通低合金钢时,其焊接电流应比焊接低碳钢时小 10%～20%,碱性焊条比酸性焊条小20%,而在锅炉和压力容器的实际焊接生产中,焊接应按照焊接工艺规定的参数施焊。

　　(3)电弧电压的选择

　　电弧电压是由电弧长度来决定的,焊接过程中,要求电弧长度不宜过长,否则会出现燃烧不稳定的现象。电弧电压对焊缝质量的影响及预防措施见表 6-3 所列。

表 6-3　电弧电压对焊缝质量的影响及预防措施

电弧长度的影响	预防措施
长电弧热量不集中,飞溅增多;弧长过短,易短路	保持一定的弧长,一般为 2～4mm
熔深浅,容易产生咬边、未焊接、夹渣等缺陷	将电流调节适当,将各自导线连接好
焊缝表面高低不平,宽容不一致,焊波不均匀	清理焊接区
熔池保护差,空气中氧和氮的侵入使焊缝产生气孔及焊缝金属变脆	按规定烘干焊条

　　(4)焊接速度控制

　　较大的焊接速度可以获得较高的焊接生产率,但是焊接速度过大,会造成咬边、未焊透、气孔等缺陷;而过慢的焊接速度又会造成熔池满溢、夹渣、未熔合等缺陷。对不同的钢材焊接速度应与焊接电流和电弧电压有适合的匹配,以便有一个合适的线能量。

　　(5)电源种类和极性选择

　　电源种类和极性主要取决于焊条的类型。直流电源的电弧燃烧稳定,焊接接头质量容易保证;交流电源的电弧稳定性差,焊接质量较难保证。利用不同的极性,可焊接不同要求的工件,如采用酸性焊条焊接厚度较大的焊件时,可采用直流正接法(即焊条接负极,焊件接正极),以获得较深的熔深,而焊接薄板时,可采用直流反接,可防止烧穿。

　　(6)焊接层数的选择

　　多层多道焊有利于提高焊接接头的塑性和韧性,除了低碳钢对焊接层数不敏感外,其他钢种都可采用多层多道无摆动法焊接,每层高不得大于 4mm。

【实验方法与步骤】

　　手弧焊接头的基本形式有对接接头、T 形接头、角接接头、搭接接头等。

　　(1)焊接接头选择:对接焊时,一般钢板在 6mm 以下不开坡口,在两板间留 1～2mm缝隙,超过 6mm 时要开坡口,坡口是根据设计将焊接接头开成一定形式坡口,沿焊接接头方向未开坡口的钢面叫钝边。

　　(2)坡口形式选择:单边 V 形坡口适用于 6～26mm 焊件,V 形坡口适用于 3～26mm

焊件,U 形坡口适用于 20~60mm 焊件,双 U 形坡口适用于 40~60mm 焊件,X 形坡口适用于 12~40mm 焊件,K 形坡口适用于 12~40mm 焊件。

角接接头是两板尖端构成直角的焊件。不开坡口的角接接头适用于 2~8mm 焊件,开单边 V 形坡口的角接接头适用于 6~30mm 焊件,开双边 V 形坡口的角接接头适用于 12~30mm 焊件,开 K 形坡口的角接接头适用于 20~40mm 焊件。

T 形接头是两焊件相交构成直角的焊件。不开坡口的 T 形接头适用于 2~30mm 焊件。

搭接接头时焊件重叠相交。搭接接头一般不开坡口,为保证强度搭接部分应不小于两焊件厚度的 2 倍。

(3)焊接角度选择:平焊时,焊缝倾角 0°~5°,焊缝转角 0°~10°;横焊时,焊缝倾角 0°~5°,焊缝转角 70°~90°。

(4)焊接方法选择:先放好钢板然后定位,两板间留 1~2mm 间隙,两头点焊定位,然后在钢板反面进行焊接。焊缝表面成形,纹路呈椭圆状,焊缝宽度(即焊缝与母材交界两边宽度)在 10~12mm。余高一般在 1~2mm,即焊缝最高点与母材平面之间的高度。

交流焊机是通过摇柄来调节电流大小的,直流焊分正向、反向接法。当工件接正极、焊枪接负极时为正向接法,当工件接负极、焊枪接正极时为反向接法。一般正接焊厚板,反接焊薄板。酸性焊条一般选用正向接法,碱性焊条一般选用反向接法,电弧燃烧稳定,飞溅小。

初级电压:外电源提供焊机的电压。

空载电压:合闸后未焊时的电压,焊条与工件间电压为 60~90V。

焊接电压:焊接时焊条与工件间电压为 20~40V。

焊接时电弧长度控制在 2~3mm,焊条尖端不要和熔池相接触,横向摆动宽度比焊条宽 2~3mm。

【实验结果与分析】

(1)对所给工件,要求选择合适的焊接工艺参数进行焊接。

(2)焊接电弧引弧方式有几种?简单介绍各包括哪几个阶段?

(3)分析焊接电流及电压对焊缝成形有何影响?

实验七　二氧化碳气体保护焊

【实验目的】

(1)了解二氧化碳气体保护焊的特点及运用。

(2)掌握二氧化碳气体保护焊的基本焊法。

(3)观察二氧化碳气体保护焊熔滴过渡特点。

【实验设备与材料】

(1)Q235 钢板、H08Mn2Si 焊丝、纯二氧化碳气体。

(2)角磨机、坡口机。

(3)测量工具、焊接面罩、焊接手套等。

【实验内容】

气体保护焊分为非熔化极气体保护焊和熔化极气体保护焊,其结构示意图如图 7-1 所示。二氧化碳气体保护焊是用二氧化碳气体为保护气体,依靠焊丝与焊件之间产生的电弧来熔化金属的气体保护焊法。二氧化碳气体保护焊的焊接电流密度大,焊丝的熔敷速度高,母材的熔深较大,产生熔渣极小,层间或焊后不必清渣,焊接过程不必像手弧焊换焊条,节省了清渣时间和一些填充金属,所以生产率较高。而且二氧化碳气体保护焊具有抗锈能力强、焊接变形小、冷裂纹倾向小等特点。二氧化碳气体保护焊熔滴过渡主要有短路过渡和颗粒状过渡两种。二氧化碳气体保护焊的短路过渡由于短路频率高,所以焊接过程稳定、飞溅小,焊缝成形好。

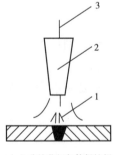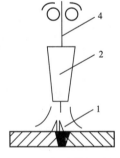

(a)非熔化极气体保护焊　　　　(b)熔化极气体保护焊

1—电弧;2—喷嘴;3—钨极;4—焊丝。

图 7-1　气体保护焊结构示意图

另外,由于焊接电流小,而且电弧是连续燃烧,所以电弧热量低,适用于焊接薄板及全位置焊接。二氧化碳气体保护焊在采用粗焊丝、大电流和高电弧电压焊接时,熔滴呈颗粒状过渡,当颗粒状尺寸较大时,飞溅较大,电弧不稳定,焊缝成形差。如图 7-2 所示为二氧化碳气体保护焊焊接过程示意图。

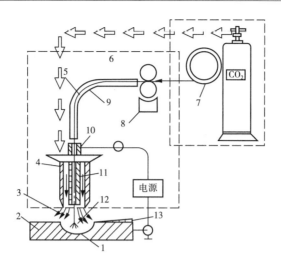

1—熔池;2—焊件;3—二氧化碳气体;4—喷嘴;5—焊丝;6—焊接设备;
7—焊丝盘;8—送丝机构;9—软管;10—焊枪;11—导电嘴;12—电弧;13—焊缝。

图 7-2　二氧化碳气体保护焊焊接过程

焊丝直径的选择见表 7-1 所列。

表 7-1　焊丝直径的选择

焊丝直径/mm	熔滴过渡形式	焊接厚度/mm	焊缝位置
0.5～0.8	短路过渡	1.0～2.5	全位置
	颗粒过渡	2.5～4.0	水平位置
1.0～1.2	短路过渡	2.0～8.0	全位置
	颗粒过渡	2.0～12.0	水平位置
1.6	短路过渡	3.0～12.0	水平、立、横、仰
≥1.6	颗粒过渡	>6.0	水平

焊接速度控制:在其他工艺参数不变时,焊接速度增加,容易产生咬边、未熔合等焊接缺陷,而且使气体保护效果变差,还会出现气孔,一般二氧化碳半自动焊的焊接速度为 30～60cm/min。焊丝伸出长度:焊丝伸出长度是指导电嘴到焊丝端头的距离,一般约为焊丝直径的 10 倍,且不超过 15mm。焊丝直径与焊接电流的关系见表 7-2 所列。

表 7-2　焊丝直径与焊接电流的关系

焊接直径/mm	焊接电流/A	
	颗粒过渡(30～45V)	短路过渡(16～22V)
0.8	150～250	60～160
1.2	200～300	100～175
1.6	350～500	100～180
2.4	500～750	150～200

在填充焊采用多层多道焊时,为避免在焊接过程中产生未焊透和夹渣等缺陷,应注意焊道的排列顺序和焊道的宽度。可采用左焊法直线焊接,焊丝应在坡口与坡口、焊道与焊道表面交角的部位或焊道表面与焊道表面交角的角平分线部位。焊缝形状应避免中间凸起,使两侧与坡口面之间形成夹角,因此在此处进行熔敷焊接时容易产生未焊透缺陷。当填充焊接接近完成时,要控制填充焊缝表面低于焊接表面 1.5~2.5mm,为表面焊接创造良好条件。表面焊缝的成形应平滑,没有咬边缺陷,焊缝两边的焊道要高度一致,高低适宜且保持平直。如图 7-3 所示为多层多道焊的焊道排列顺序和焊丝位置示意图。

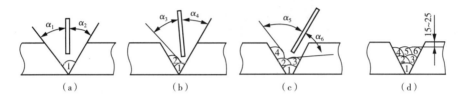

图 7-3　多层多道焊的焊道排列顺序和焊丝位置示意图

气体流量调节:二氧化碳气体流量为 5~15L/min;粗丝焊接时,均为 20L/min。

【实验方法与步骤】

(1)接通配电盘开关,合上电源控制箱的转换开关,这时电源指示灯亮,焊机进入工作状态。

(2)扣动焊枪开关,打开气阀调整二氧化碳气体流量。

(3)点动焊枪开关使焊丝伸出导电嘴约 20mm。调整焊接电流、电弧电压,此时焊机处于准备焊接状态。

焊接方法采用左焊法(即从右向左焊),焊接分三道进行:打底焊、填充焊、盖面焊,焊接参数见表 7-3 所列。

表 7-3　焊接参数

焊 接 层 次	焊丝直径/mm	焊丝伸出长度/mm	焊接电流/A	焊接电压/V
打底层	1.2	12~15	90~95	18~20
填充层	1.2	12~15	110~120	20~22
盖面层	1.2	12~15	110~120	20~22

(4)焊件处理。Q235 钢用坡口机加工成 V 形坡口,将试板两侧坡口面及坡口边缘 20~30mm 内的油、污、锈处理干净,使其呈现金属光泽。坡口钝边保持在 1~2mm,将打磨好的试板装配成 V60°的对接接头,装配间隙始为 3.2mm,终焊端为 4mm,定位焊缝长为 10~15mm,错边量小于 1mm,板面曲量为 3.2~4mm。

(5)焊接操作。板厚为 12mm 的二氧化碳对接焊焊缝共有 4 层 11 道,第一层为打底焊,有 1 道焊缝,第二层、第三层为填充焊共 5 道焊缝,第四层为盖面焊共 5 道焊缝。

采用从右向左焊,焊枪应该与焊缝法向垂直,焊枪与工件垂直方向应该在10°~20°。焊接过程要观察熔池,每边熔0.5mm比较好,如果熔孔过大则电流高了;如果熔孔一点没有,则有可能造成根部未熔合。最好是一气呵成焊完焊缝,做填充焊时要注意摆动,两边停留时间需较长,最后是盖面焊,焊缝两边压0.5~1mm,焊枪以小幅度画斜圈形摆动。当坡口钝边上下边轮各熔化1~1.5mm,并形成椭圆形熔孔时,密切观察熔池和熔孔的形状,保持已形成的熔孔形状大小一致。持焊枪手法要稳,焊接速度要均匀,焊枪喷嘴在焊缝间隙摆动时及焊枪在上坡口钝边要比在下坡口钝边停留的时间稍长,以防止金属熔滴下坠。焊接过程不要断弧,如发生断弧,应在焊接后15mm处引弧,填充焊的焊接速度要慢些,填充焊的厚度离母材表面1.5~2mm为宜,且不能熔化坡口边缘棱角。焊枪引弧及运条过程如图7-4、图7-5、图7-6所示。

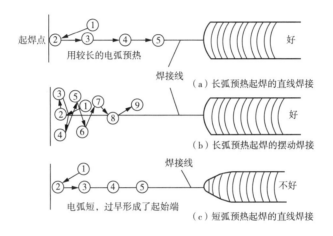

图7-4　起始端运动丝法对焊缝成形的影响

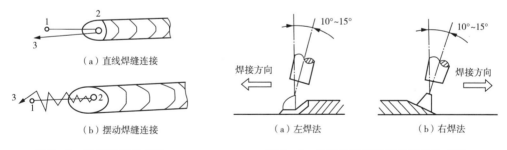

图7-5　焊缝连接的方法　　　　图7-6　二氧化碳焊时焊枪的运动方向

(6)操作时面对焊缝,半开步站稳,右手握焊枪,手腕应自由运动,左手持面罩。反复练习直线运丝法后,练习采用月牙形摆动运丝法焊接,再练习月牙形大幅或小幅横向摆动运丝方法。半自动焊时焊枪的几种摆动方式如图7-7所示。

(7)横焊时,工艺参数与立焊基本相同,只是焊接电流比立焊时大些。立焊时熔化金属受重力作用下淌,在焊缝的上边缘容易产生咬边,下边缘容易产生焊瘤、未焊透等缺陷。施焊时,要限制每条焊道的熔敷金属量,当焊缝宽度较大时,采用多层多道焊,使用

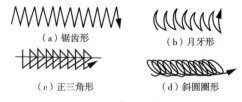

图7-7　半自动焊时焊枪的几种摆动方式

直径较小的焊丝,以适当电流,采用短路过渡法焊接可获得成形良好的焊缝。

(8)焊接过程中若发生熄弧、断弧,应在重新引弧前再次调整好焊丝伸出长度。

【实验结果与分析】

(1)选择合适的焊接工艺参数,对所给试板进行焊接,焊接接头满足以下要求。

① 焊缝质量检验:焊缝外形尺寸为焊缝余高 0~3mm,焊缝余高差小于等于 2mm,焊缝宽度比坡口每侧增宽 2~3mm,焊缝宽度差小于等于 2mm。

② 焊缝要求:咬边深度小于等于 0.5mm,焊缝两边咬边总长度小于等于 3mm,背面凹坑深度小于等于 2mm,总长度小于等于 20mm。

③ 焊缝表面缺陷:焊缝表面不得未焊透,不得有裂纹、未熔合、夹渣、气孔、焊瘤。

④ 焊件变形:焊件焊后变形角度小于等于 3°,错边量小于等于 2mm。

(2)二氧化碳气体保护焊熔滴过渡主要形式有哪几种?

(3)通过实焊感受来分析手工电弧焊与二氧化碳气体保护焊的特点有什么不同。

实验八　钨极氩弧焊

【实验目的】

（1）了解钨极氩弧焊的基本原理与作用。

（2）学会钨极氩弧焊的基本方法。

【实验设备与材料】

（1）钨极氩弧焊机、钨极磨尖机。

（2）不锈钢板、不锈钢焊丝、氩气。

（3）焊接面罩、焊接手套等。

【实验内容】

钨极氩弧焊（TIG 焊）是在惰性气体的保护下，利用钨极与焊接间的电弧熔化母材和填充焊丝（也可以不加填充焊丝）形成焊缝的焊接方法，如图 8-1 所示。焊接时保护气体从焊枪的喷嘴中连续喷出，在电弧周围形成保护层隔绝空气，保护电极和焊接熔池以及临近热影响区，以形成优质的焊接接头。

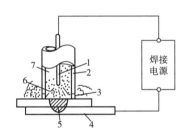

1—钨极；2—喷嘴；3—出气孔；4—母材；5—焊点；6—电弧；7—氩气。

图 8-1　钨极氩弧焊点焊示意图

TIG 焊分为手工和自动两种。焊接时，用难熔金属钨或钨合金制成的电极基本上不熔化，故容易维持电弧长度的恒定。填充焊丝在电弧的前方添加，当焊接薄件时，一般不需开坡口和填充焊丝，可采用脉冲电流以防止焊件烧穿。焊接厚大焊件时，可将焊丝预热后，再添加到熔池中去，以提高熔敷速度，如图 8-2 所示。图 8-3 给出了钢钨极氩弧时冷丝和热丝可允许的熔敷速度。在焊接不锈钢板、镍基合金和镍铜合金时可采用氩-氦混合气体做保护气体。

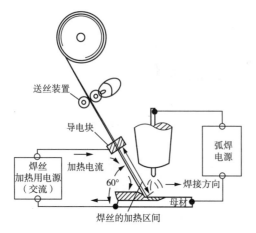

图 8-2 热丝钨极氩弧示意图

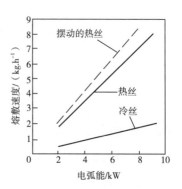

图 8-3 钢钨极氩弧时冷丝和
热丝可允许的熔敷速度

TIG 焊的特点如下:

(1)可焊金属多,氩气能有效隔绝焊接区周围的空气,它本身又不溶于金属,不和金属反应;TIG 焊焊接过程中电弧还有自动清除焊件表面氧化膜的作用。因此,TIG 焊可成功地焊接其他焊接方法不易焊接的易氧化、易氮化、化学活泼性强的有色金属、不锈钢和各种合金。

(2)适应能力强、钨极电弧稳定,即使在很小的焊接电流下也能稳定燃烧;不会产生飞溅,焊缝成形美观;热源和焊丝可分别控制,因此热输入量容易调节,特别适合于薄件、超薄件的焊接;可进行各种位置的焊接,易于实现机械化和自动化焊接。

(3)焊接生产率低,钨极承载电流能力较差,过大的电流会引起钨极熔化和蒸发,其颗粒可能进入熔池,造成夹钨。因而 TIG 焊使用的电流较小,焊缝熔深浅,熔敷速度小,生产率低。

(4)生产成本较高,由于惰性气体较贵,与其他焊接方法相比 TIG 焊生产成本高,故主要用于要求较高的产品的焊接。

TIG 焊的应用有以下方面:

TIG 焊几乎可用于所有钢材、有色金属及其合金的焊接,特别适合化学性质活泼的金属及其合金。常用于不锈钢、高温合金、铝、镁、钛及其合金和难熔的活泼金属(如锆、钼、铌等)以及异种金属的焊接。

TIG 焊容易控制焊缝成形,容易实现单面焊双面成形,主要用于薄件焊接或厚件的打底焊。脉冲 TIG 焊特别适用于焊接薄板和全位置管道对接焊。但是,由于钨极的载流能力有限,电弧功率受到限制,致使焊缝熔深浅,焊接速度低,TIG 焊一般只用于焊接厚度在 6mm 以下的焊件。

TIG 焊时,焊接电弧正、负极的导电和产热机构与电极材料的热物理性能有密切关系,从而对焊接工艺有显著影响。直流正极性法焊接时,焊件接电源正极,钨极接电源负极。由于钨极熔点很高、热发射能力强,电弧中带电粒子绝大多数是从钨极上以热发射形式产生的电子。这些电子撞击焊件(负极),释放出全部动能和位能(逸出功),产生大量热能加热焊件,从而形成深而窄的焊缝。该法生产率高,焊件收缩应力和变形小。所以除铝、镁及其合金的焊接外,TIG焊一般都采用直流正极性焊接。

直流反极性时焊件接电源负极,钨极接正极。这时焊件和钨极的导电和产热情况与直流正极性时相反。由于焊件一般熔点较低,电子发射比较困难,往往只能在焊件表面温度较高的阴极斑点处发射电子,而阴极斑点总是出现在电子逸出功较低的氧化膜处。当阴极斑点受到弧柱中来的正离子流的强烈撞击时,温度很高,氧化膜很快被汽化破碎,显露出光亮的焊件金属表面,电子发射条件也由此变差。这时阴极斑点就会自动移到附近有氧化膜存在的地方,如此下去,就会把焊件焊接区表面的氧化膜清除掉,这种现象称为阴极破碎(或称阴极雾化)现象。阴极破碎现象对焊接工件表面存在难熔氧化物的金属有特殊意义,用一般方法很难去除铝的表面氧化层,使焊接过程难以顺利进行,若用直流反极性TIG焊则可获得"弧到膜除"的显著效果,使焊缝表面光亮美观,成形良好。

交流TIG焊时,电流极性每半个周期交换一次,因而兼具了直流正极性法和直流反极性法两者的优点。

【实验方法与步骤】

(1)用汽油、丙酮等有机溶剂,清洗焊件与焊丝表面。

(2)调节焊接工艺参数:焊接电流、焊接时间、二次脉冲电流、二次脉冲时间、保护气体流量、焊点直径见表8-1所列。

表8-1 钢钨极氩弧点焊焊接条件(直流正接)

材料厚度/mm	焊接电流/A	焊接时间/s	二次脉冲电流/A	二次脉冲时间/s	保护气体流量/(L·min^{-1})	焊点直径/mm
0.5+0.5	80	1.03	80	0.57	7.5	4.5
0.5+0.5	100	1.03	100	0.57	7.5	5.5
2+2	160	9	300	0.47	7.5	8
2+2	190	7.5	180	0.57	7.5	9
3+3	180	18	280	0.69	7.5	10
3+3	160	18	280	0.69	7.5	11

(3)引弧有高频振荡引弧和接触引弧之分,引弧前提前5~10s送气。

(4)焊接时,为了得到良好的气体保护效果,在不妨碍视线的情况下,应尽量缩短喷嘴到焊件的距离,采用短弧焊接,一般弧长4~7mm。

(5)为了获得必要的熔宽,焊枪除做均匀直线运动外,允许做适当的横向摆动。

(6)要注意保持电弧一定高度和焊枪移动速度的均匀性,以确保焊缝熔深、熔宽的均匀,防止产生气孔和夹渣等缺陷。

(7)焊丝直径一般不得大于4mm,因为焊丝太粗易产生夹渣和未焊透现象。

(8)填充焊丝在熔池前均匀地向熔池送入,切不可扰乱氩气气流。

（9）焊丝的端部应始终置于氩气的保护区内，以免被氧化。

（10）焊缝在收弧处要求不存在明显下凹及产生气孔与裂纹等缺陷。为此，在收弧处应添加填充焊丝。多使弧坑填满，这对焊接热裂纹倾向较大的材料，尤为重要。

【实验结果与分析】

（1）按实验要求操作，检验对此焊法的基本掌握情况。

（2）简述钨极氩弧焊的特点。

（3）焊接铝、镁及其合金时应采用什么电源及极性，为什么？

实验九　埋弧焊

【实验目的】

(1)掌握埋弧焊的原理、特点及应用。

(2)掌握埋弧焊的基本方法。

【实验设备与材料】

(1)自动埋弧焊机。

(2)角磨机。

(3)钢板、焊丝、焊剂。

(4)敲渣锤、焊接手套、防护镜等。

【实验内容】

埋弧焊又叫焊剂层下的自动焊,整个焊接过程完全由机械来完成。焊接过程中,在工件被焊处表面覆盖一层 40～60mm 的颗粒状焊剂,连续送进的焊丝在焊剂层下与工件间产生电弧,电弧的热量使焊丝、工件和焊剂熔化,形成金属熔池和熔渣,液态熔渣构成的弹性膜包围着电弧与熔池,使它与空气隔绝。随着焊机自动向前移动,电弧不断熔化前方的母材、焊丝和焊剂,而后方的母材边缘开始冷却凝固形成焊缝,液态熔渣随后也冷凝形成渣壳。焊丝和焊剂在焊接时的作用和手弧焊的焊芯、药皮一样。焊接不同的材料应选用不同成分的焊丝和焊剂。自动埋弧焊的焊接过程如图 9-1 所示。

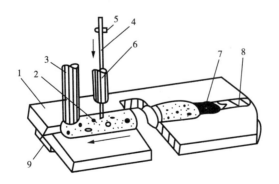

1—焊件;2—焊剂;3—焊剂料斗;4—焊丝;5—送丝滚轮;6—导电嘴;7—渣壳;8—焊缝;9—焊剂垫。

图 9-1　自动埋弧焊的焊接过程

埋弧焊的优点：

(1)空气不易侵入电弧区。埋弧焊是靠焊剂在电弧热作用下形成的熔融渣膜来保护电弧和熔池区的,能有效地隔绝空气的进入,焊缝中含氮量极低,保护效果极好。

(2)冶金反应充分。埋弧焊的焊接电流和熔池尺寸较大,熔池金属处于液态反应时间比焊条电弧焊高,液态金属与熔渣的相互作用更充分,气孔、夹渣容易析出。

(3)焊缝金属化学成分稳定。埋弧焊的焊接工艺参数比焊条电弧焊稳定,单位时间内所熔化的金属与焊剂之比比较稳定,因而焊缝金属的化学成分相对稳定。

(4)产生效率高。埋弧焊时,焊丝从导电嘴伸出长度较短,因而可以采用较大的焊接电流,电弧在焊剂的保护层下,能量利用率高。

(5)焊缝质量高。焊剂和熔渣不仅能有效防止空气侵入熔池,还可以降低焊缝的冷却速度,从而提高焊接接头的机械性能。

(6)改善焊工的劳动强度。埋弧焊自动化程度高,而且焊接时电弧是在焊剂层下燃烧,因而减轻了焊工的劳动强度,也减少弧光和有害气体对焊工的伤害。

埋弧焊的缺点：

(1)对接头的装备要求高。埋弧焊熔深大,如果接头组对不良或装备间隙不均匀,容易造成烧穿和熔化金属流失。

(2)只适合平焊位置的焊接。由于保护焊剂采用的是颗粒状,因而主要适用于平焊位置焊接。

(3)难以焊接氧化性强的金属材料。由于焊剂的氧化性强,不适合焊接铝、镁等氧化性强的金属及合金。

(4)小电流焊接不稳定。焊剂的化学成分决定了埋弧焊的电场强度较大,电流小于100A 时电弧稳定性较差,不适合焊接厚度为 1mm 以下的薄板。

埋弧焊焊丝与焊剂的选用与配合应考虑：

(1)对于碳素钢和低合金高强度钢,应保证焊缝的力学性能。

(2)对于铬钼钢和不锈耐酸钢等合金钢,应尽可能保证焊缝的化学成分与焊件相近。

(3)对于碳素钢与低合金高强度钢或不同强度等级的低合金高强度钢之间的异种钢焊接接头,一般可按强度较低的钢材选用抗裂性较好的焊接材料。

确定焊接工艺参数方法如下：

焊接工艺参数的选择要保证电弧稳定,焊缝形状尺寸符合要求,焊缝表面光洁整齐,无气孔、裂纹、夹渣、未焊透等缺陷。因此,要求根据接头的形式、焊接位置和焊件厚度等不同情况来选择焊接工艺参数。一般的参数选用有查表法、经验法、试验法、计算法四种,在实际生产中还必须进行修正。

(1)查表法:可查阅类似焊接情况所有的焊接参数表,作为制定新工艺参数的参考。

(2)经验法:焊工可根据多年累积的实践经验来确定最佳焊接规范。MZ－1000 型埋弧焊机焊接时,对于 14mm 以下的钢板,采用异步常用的焊丝和焊剂,不开坡口的双面交流自动焊接,根据板厚和焊丝直径,可按如下经验公式计算。

$$I = 40S + 50d + 50 \qquad (9-1)$$

式中:I——焊接电流(A);

$\quad\quad S$——钢板厚度(mm);

$\quad\quad d$——焊丝直径(mm)。

对于其他板厚,可适当调节,以满足焊接要求。

(3)试验法:试验法是在焊件相同的焊接式样上试焊,最后确定焊接规范。试验法通常和查表法结合使用。

(4)计算法:采用计算法确定焊接工艺参数的方法有为获得一定几何尺寸的焊缝进行的尺寸计算和热计算两种。

① 对不开坡口的对接焊参数计算。焊缝的主要尺寸是熔深,保证达到要求的焊接工艺参数是根据直线关系,也就是熔深和电流值之间正比关系 $H=KI$ 进行计算的。

当用双面焊缝要求焊透厚为 15mm 的焊件时,为了防止产生未焊透的现象,每一种焊缝的计算熔深 H 应该不小于金属厚度的 0.6 倍,如图 9-2 所示,因此 $H=0.6\delta=0.6\times15=9$(mm);比例系数 $K=1.1$mm/100A(参看表 9-1)。为了使边缘熔深为 9mm,电流 $I=H/K=9\times100/1.1\approx818$(A),因此,可取电流为 820A。

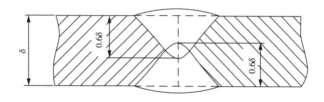

图 9-2　双面对接焊缝

表 9-1　交流、直流情况下的系数 K

电流种类	极　性	焊丝直径/mm	系数 $K/[\text{mm}\cdot(100\text{A})^{-1}]$	
			对接焊缝(不开坡口)和堆焊	对接焊缝(开坡口)和角接接头
交流	—	2	1	2
交流	—	5	1.1	1.5
直流	反接	5	1.1	1.45
直流	正接	5	1	1.25

如果用单面焊缝进行边缘完全焊透的焊接,计算的熔深应取金属厚度的 0.8 倍,即 $H=0.8\times15=12$(mm)。这时焊接电流应增加到 $I=H/K=12\times100/1.1=1090.9(A)\approx$ 1100(A)

② 角焊、堆焊与开坡口对接焊参数计算。在焊接角焊缝和有坡口的对接焊缝,以及在进行堆焊工作时常常要求计算能保证获得一定数量(即规定的焊缝或焊缝截面)填充金属的焊接工艺参数。这类计算是根据埋弧焊焊接时,填充金属的数量等于焊丝金属熔化数量的原则来进行的,因而填充金属的数量正比于焊丝的熔化速度,但反比于焊接速度。填充金属的截面为

$$F_H = F_s \times v_s / v_c \qquad (9-2)$$

式中：v_s——焊丝熔化的线速度或送丝速度(m/h)；

F_s——焊丝的截面积(mm^2)；

v_c——焊接速度(m/h)。

为了获得所需的焊缝截面,必须根据现有的焊丝直径来确定送丝速度。

例如,要计算能保证获得有堆焊截面积为 $50mm^2$ 的堆焊焊缝的焊接工艺参数,所用的焊丝直径为 5mm,则焊丝的截面积 $F_s = 19.6mm^2$。对于这种焊丝,正常的送丝速度通常在 $50\sim80m/h$,电流相应地为 $550\sim900A$,取送丝速度 $v_s = 75m/h$,在这种情况下,堆焊速度可由公式 $F_H = F_s \times v_s / v_c$ 得到。

$$v_c = F_s \times v_s / F_H = 19.6 \times 75 / 50 = 29.4 (m/h)$$

同时可以看出,由于堆焊截面积是焊丝截面积的 2.5 倍,所以送丝速度也应该是堆焊速度的 2.5 倍。

③ 小直径环缝的参数计算。在焊接直径不大的焊件的环缝时会遇到小直径环缝的参数计算。这种计算是确定电弧功率 P 和熔池长度 L 之间有着正比例的关系。

$$L = K \times P / 1000 \qquad (9-3)$$

式中：L——熔池长度(mm)；

K——比例系数,平均为 $3mm/kW$；

P——电弧功率,为焊接电流 I 和电弧电压 U 的乘积(W)。

例如,采用焊接电流 650A 和电弧电压 36V 进行小直径环缝焊接时,熔池长度为

$$L = K \times P / 1000 = 3 \times 36 \times 650 / 1000 = 70.2 (mm)$$

总之,焊接工艺参数的确定不应拘泥于某一种方法,在实际中应结合多种方法确定,并在实际生产中加以修正,以制定出理想的焊接工艺参数,用于满足焊接生产的需要。

【实验方法与步骤】

(1)焊丝、焊剂准备,焊丝要除去污、油、锈等,并有规则地盘绕在焊丝盘内,焊剂应事先烘烤(250℃下烘烤 $1\sim2h$),工件焊口处要去油、污、水。

(2)接通控制箱是三相电源开关。

(3)检查焊接设备,在空载情况下,将机头控制盒上的"焊接与调试"开关打到"调试"位置,将焊接按要求拨到"焊接方向"开关,调节"焊接速度"电位器把焊接小车调整到所要求的速度,调整好并分别将两开关拨到"焊接"与"电弧电压"位置。

(4)初试时把"电弧电压"刻度调整到"20"刻度上。

(5)按下"焊丝向上"与"焊丝向下"按钮,检查送丝系统是否正常。

(6)按焊件板厚初步确定焊接规范,焊前先做焊接同等厚度的试片,根据试片的熔透情况和表面形成调整焊接规范,反复试验后确定最好的焊接规范。

(7)按"焊丝向下"按钮,使焊丝与工件接近,焊枪头离工件距离不得小于 15mm,焊丝伸出长度不得小于 30mm。

(8)打开焊剂料斗闸门,使焊剂埋住焊丝,焊剂层一般高度为30~50mm。

(9)按"启动"按钮不能放(启动结束后才能松),此时焊丝上抽,接着焊丝自动变为下送与工件接触摩擦并引起电弧,以保障电弧正常燃烧。

(10)焊接过程中必须随时观察电流表和电压表,并及时调整有关调节器,使其符合焊接规范。在使用4mm焊丝时要求焊缝宽度大于10mm;焊接沟槽时焊速度约等于15m/h,电压约等于24V,电流约等于300A;在接近表面时,电压大于27V,电流约等于450A。

(11)焊接过程还应随时注意焊缝的熔透程度和表面成形是否良好,熔透程度可观察工件的反面电弧燃烧处红热程度来判断。焊后可去除焊渣观察,若发现熔透程度和表面成形不良时,及时调整规范进行挽救。

(12)注意观察焊丝是否对准焊缝中心,以防止焊偏,焊工的观察位置应与引弧调整焊丝时的位置一样,以减少视线误差。

(13)时刻注意焊剂料斗中的焊剂量,并随时添加,当焊剂下流不顺时应及时用棒疏通。

(14)焊接结束时,按"停止"按钮不能放。当焊接结束,继电器跳后,方可松开。

(15)按"焊丝向上"按钮,上抽焊丝,焊枪上升。

(16)回收焊剂,供下次使用,但要注意勿使焊渣混入。

(17)清理焊渣,检查焊接质量。

【实验结果与分析】

(1)埋弧焊的引弧方式是什么?

(2)焊接工艺参数的制定有哪些方法?

(3)与手弧焊相比,埋弧自动焊有什么特点?

实验十　等离子弧焊

【实验目的】

(1)了解等离子弧焊设备的特点与使用。

(2)熟悉等离子弧的产生原理及特点。

(3)掌握等离子弧焊接的几种主要工艺形式及特点。

【实验设备与材料】

(1)等离子弧焊接设备。

(2)低碳钢板、低合金钢板、不锈钢板。

(3)氩气、焊接面罩、焊接手套等。

【实验内容】

等离子弧是一种被压缩的钨极氩弧,具有很高的能量密度、稳定性及电弧力。等离子是通过机械压缩、热压缩和电磁压缩三种压缩作用获得的。

等离子弧焊具有能量集中、穿透力强、单面焊双面成形、坡口制备简单(直边坡口)、质量稳定及生产率高等一系列优点,且所用气体为氩气,故很适合用于钛及钛合金的焊接。可用钨极氩弧焊焊接的金属,如不锈钢、钛及钛合金、铝及铝合金、镍及镍合金、铜等,均可用等离子焊焊接。这种焊接方法可用于航天航空、核能、电子、造船等领域。

根据电源的连接方式,等离子弧分为非转移型电弧、转移型电弧及联合型电弧三种。非转移型电弧在钨极与喷嘴之间燃烧,焊接时电源正极接水冷铜喷嘴,负极接钨极,工件不接到焊接回路上,如图10-1所示,依靠高速喷出的等离子气将电弧带出,这种电弧适用于焊接或切割较薄的金属及非金属。转移型电弧直接在钨极与工件之间燃烧,在工作状态下,喷嘴不接到焊接回路中,如图10-2所示,这种电弧用于焊接较厚的金属。转移弧及非转移弧同时存在的电弧为联合型电弧,如图10-3所示。

对于板厚在1.5mm以下的钛及钛合金材料,应用"小孔效应"等离子弧进行焊接时,难以保证既不漏焊又使正反两面成形良好,故一般采用熔透背面成形(背面放铜板垫)的等离子弧焊接方法。此时若采用脉冲等离子弧焊,则可降低装配精度要求,更易保证焊接质量。

对于厚度为0.5mm以下的钛及钛合金,最好采用微束等离子弧进行焊接。对于这种薄件用钨极氩弧焊难以进行焊接,因为钨极氩弧焊要把焊接电流调到适于焊接0.5mm板件是很困难的。当用微束等离子焊接厚度小于0.5mm的钛及钛合金板材时,则很容易保证质量。微束等离子弧电流若控制在 3～10A 时,可焊接厚度为 0.5～0.7mm 的钛材料,并效果良好。

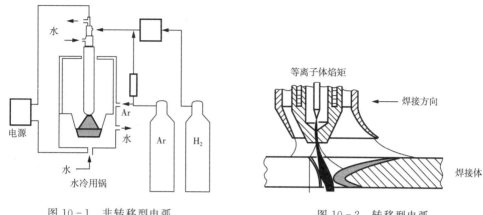

图 10-1　非转移型电弧　　　　　　　　图 10-2　转移型电弧

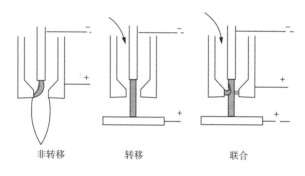

图 10-3　联合型电弧

1. 等离子弧焊设备的组成

等离子弧焊设备由弧焊电源控制系统、供气系统以及电极等组成。自动等离子焊接设备还包括焊接小车等其他设备。

(1)弧焊电源

等离子弧焊设备一般采用具有垂直外特性或陡降外特性的电源,以防焊接电流因弧长的变化而变化,从而获得均匀稳定的熔深及焊缝外形尺寸。一般不采用交流电源,只采用直流电源,并采用正极性接法。与钨极氩弧焊相比,等离子焊所需的电源空载电压较高。

采用氩气做等离子气时,空载电压应为 60～85V;当采用氩气和氢气或氩气与其他双原子的混合气体做等离子气时,电源的空载电压应为 110～120V。采用联合型电弧焊接时,由于转移弧和非转移弧同时存在,因此,需要两套独立的电源供电。利用转移型电弧焊接时,可以采用一套电源,也可采用两套电源。

一般采用高频振动器引弧,当使用等离子气时,应先利用纯氩气引弧,然后再将等离子气转为混合气体,这样可以降低电源的空载电压要求。

（2）控制系统

控制系统的作用是控制焊接设备的各个部分按照预定的程序进入、退出工作状态。整个设备的控制电路通常由高频发生器控制电路、送丝电机拖动电路、焊接小车或专用工装控制电路以及程序控制（程控）电路等组成。程控电路控制等离子气预通时间、等离子气流递增时间、保护气预通时间、高频引弧及电弧转移、预热时间、焊件预热时间、电流衰减熄弧、延迟停气等一系列控制。

（3）供气系统

等离子弧焊设备的供气系统比较复杂，由等离子气路、正面保护气路及反面保护气路等组成，而等离子气路还必须能进行衰减控制。为此，等离子一般采用两路供给，其中一路可经气阀放空，以实现等离子气的衰减控制。采用氩气与氢气的混合气体做等离子气时，气路中最好设有专门的引弧气路，以降低对电源空载电压的要求。图 10-4 为采集混合气体做等离子气体时等离子弧焊设备的供气系统图。引弧时，打开气阀 DF_2，向等离子弧发生器中通纯氩气，电弧引燃后，再打开电磁气阀 DF_1，使氢气也进入储气筒中，此时等离子气为氩气和氢气，通过针阀 6 及电磁气阀 DF_6 可实现等离子气衰减。当焊接终了时，DF_6 打开，等离子气路中的气体经过针阀 6 及 DF_6 部分向大气中排放，通过调节针阀 6 可控制调节气体的衰减速度。

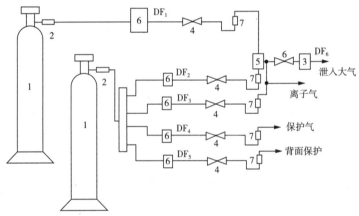

1—气瓶；2—气节及压力表；3,5—储气筒；4—调节阀；6—电磁气阀；7—流量计。

图 10-4　采集混合气体做等离子气体时等离子弧焊设备的供气系统

（4）电极

等离子弧焊一般采用钍钨极或铈钨极，有时也采用锆钨极或锆电极。钨极一般需要进行水冷，小电流时采用间接水冷方式，钨极为棒状电极；大电流时采用直接水冷，钨极为镶嵌式结构。棒状电极端头一般磨成尖锥形或尖锥平台形，电流较大时还可以磨成球形，以减少烧损。

与 TIG 焊不同，等离子焊时，钨极一般内缩到压缩嘴之内，从喷嘴外表面至钨极尖端的距离称为内缩长度 I_g，而且钨极的内缩长度 I_g 要合适（$I_g = I_0 \pm 0.2mm$，I_0 为喷嘴孔道长度）。

2. 等离子弧焊的基本方法

等离子弧焊的基本方法有三种：穿孔型等离子弧焊、熔入型等离子弧焊及微束等离子弧焊。

（1）穿孔型等离子弧焊

① 采用较大的焊接电流及等离子流，使等离子具有较大的能量密度及等离子流力。

② 工件完全熔透并在等离子流力的作用下形成一个贯穿工件的小孔，而熔化金属被排挤在小孔周围。随着等离子弧在焊接方向移动，熔化金属沿电弧周围熔池壁向熔池后方移动并结晶成焊缝，而小孔随着等离子弧向前移动，如图10-5所示。

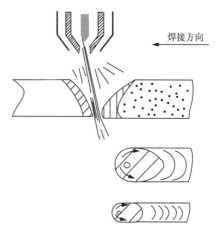

焊接方向

图 10-5　穿孔型等离子弧焊示意图

③ 适用于单面焊双面成形，并且也只能进行单面焊双面成形。

④ 焊接较薄的工件时，可不开坡口、不加垫板、不加填充金属，一次实现双面成形。表10-1给出了各种材料的焊接厚度限值。

表 10-1　各种材料的焊接厚度限值

材　　料	不 锈 钢	钛及钛合金	镍及镍合金	低合金钢	低 碳 钢
焊接厚度限值/mm	8	12	6	7	8

（2）熔入型等离子弧焊

熔入型等离子弧焊是采用较小的等离子气流量，等离子流力小，电弧穿透能力低。

① 只能熔化工件，不能形成小孔，与TIG焊相似。

② 适用于薄板、多层焊的盖面焊及角焊缝的焊接。

（3）微束等离子弧焊

微束等离子弧焊是一种通常使用在小于30A的小电流下进行的熔入型焊接工艺。

① 可焊接更薄的金属，最小可焊厚度为0.01mm。

② 弧长在很大范围内变化时，也不会断弧，并且电弧保持柱状。

③ 焊接速度快、焊缝窄、热影响区小、焊接变形小。

3. 等离子弧焊对焊接工艺的要求

（1）对接头及坡口形式要求

厚度为0.05～1.6mm时，通常利用微束等离子进行焊接。

板厚大于 1.6mm 而小于表 10-1 中的板厚要求时,通常不开坡口,利用穿透法进行焊接。

当板厚大于表 10-1 中的限值时,需要开 V 形或 U 形坡口,进行多层焊接。与 TIG 焊相比,可采用较大的坡口角度及钝边,钝边的最大允许值等于穿孔法的最大焊接厚度。第一层用穿孔法进行焊接,其他各层用熔入法或其他焊接方法焊接。

(2)焊接电流的选择

焊接电流是根据板厚或熔透要求来选择的,焊接电流越大,等离子弧的穿透能力也越大,但电流过大会引起双弧,损伤喷嘴并破坏焊接过程的稳定性,而且,熔池金属会因小孔直径过大而坠落。因此,在喷嘴结构确定后,为了获得稳定的小孔焊接过程,焊接电流只能在某个合适的范围内选择,而且这个范围与离子气的流量有关。

(3)等离子气

等离子气及保护气体通常根据被焊金属及电流大小来选择。大电流等离子弧焊接时,等离子气及保护气通常采用相同的气体,否则电弧的稳定性将变差。小电流等离子弧焊接通常采用纯氩气做等离子气,这是因为氩气的电离电压较低,可保证电弧引燃容易。

等离子气流量直接决定了等离子流力和熔透能力。等离子气的流量越大,熔透能力越大。但等离子气流量过大会使小孔直径过大而不能保证焊缝成形。因此,应根据喷嘴直径、等离子气的种类、焊接电流及焊接速度选择适当的离子气流量。利用熔入法焊接时,应适当降低等离子气流量,以减小等离子流力。

(4)焊接速度的选择

焊接速度应根据等离子气流量及焊接电流来选择。其他条件一定时,如果焊接速度增大,焊接热输入减小,小孔直径随之减小,直至消失。如果焊接速度太低,母材过热,熔池金属容易坠落。因此,焊接速度、等离子气流量及焊接电流这三个工艺参数应相互匹配。

(5)喷嘴离工件的距离

喷嘴离工件距离过大则造成熔透能力降低,距离过小则造成喷嘴堵塞,一般取 3~8mm。和钨极氩弧焊相比,喷嘴距离变化对焊接质量影响不大。

(6)保护气体流量

保护气体流量应根据焊接电流及等离子气流量来选择。在一定的离子气流量下,保护气体流量太大会导致气流的紊乱,影响电弧稳定性和保护效果。而保护气流量太小,则保护效果不好。因此,保护气体流量应与等离子气流量保持适当的比例。

小孔型焊接保护气体流量为 15~30L/min。

(7)引弧收弧

利用穿孔法焊接厚板时,引弧及熄弧处容易产生气孔、下凹等缺陷。对于直缝,采用引弧板及熄弧板,先在引弧板上形成小孔,然后再过渡到工件上,最后将小孔闭合在熄弧板上。但环缝无法用引弧板及熄弧板,必须采用焊接电流、离子气流量递增控制法在工件上起弧,利用电流和离子气流量衰减法来闭合小孔。

表 10-2 给出了几种金属在不同厚度下对应的焊接技术。

表 10-2 几种金属在不同厚度下对应的焊接技术

金 属	厚度/mm	焊 接 技 术	
		穿 孔 法	熔 入 法
碳钢（铝镇静钢）	<3.2	Ar	Ar
	>3.2	Ar	25%Ar+75%He
低合金钢	<3.2	Ar	Ar
	>3.2	Ar	25%Ar+75%He
不锈钢	<3.2	Ar 或 92.5%Ar+7.5%H_2	Ar
	>3.2	Ar 或 95%Ar+5%H_2	25%Ar+75%He
	>3.2	Ar 或 95%Ar+5%H_2	25%Ar+75%He
活性金属	<6.4	Ar	Ar
	>6.4	Ar+(50%～70%)He	

4. 常见的焊接缺陷

等离子弧焊常见缺陷的产生原因及预防措施见表 10-3 所列。

表 10-3 等离子弧焊常见缺陷的产生原因及预防措施

缺陷类型	产 生 原 因	预 防 措 施
单侧咬边	焊枪偏向焊缝一侧	改正焊枪对中位置
	电极与喷嘴不同心	调整同心度
	两辅助孔偏斜	调整辅助孔位置
	接头错边量太大	加填充丝
	磁偏吹	改变地线位置
两侧咬边	焊接速度太快	降低焊接速度
	焊接电流太小	加大焊接电流
气 孔	焊前清理不当	除净焊接区的油锈及污物
	焊丝不干净	清洗焊丝
	焊接电流太小	加大焊接电流
	填充丝送进太快	降低送丝速度
	焊接速度太快	降低焊接速度
热裂纹	焊材或母材含硫量太高	选用含硫量低的焊丝
	焊缝熔深、熔宽较大、熔池太长	调整焊接工艺参数
	工件刚度太大	预热、缓冷

【实验方法与步骤】

(1)学生在老师指导下按设备使用说明进行操作。

(2)使用前先接通冷却水,并观察冷却水流量是否满足要求,仔细观察电路、气路、水路是否按要求接好。

(3)在使用焊机前必须穿戴好工作服、帽及手套,应做好个人防护措施,避免弧光、烧伤或烤伤。

(4)合上总电源开关,首先启动冷却水,然后打开保护气体钢瓶阀门,调节阀门,保持保护气体有一定流量,再开启焊机电源。

(5)根据不同的焊接样品采用相应的焊接规范进行焊接,在焊接时要确保室内空气的流通。

(6)焊接完成以后要先关闭焊机电源,然后关闭气瓶阀门,再关闭冷却水,最后关闭总电源。

【实验结果与分析】

(1)针对实验采用的焊接试板,制定合理的焊接工艺并进行焊接,观察不同工艺参数对焊缝成形的影响。

(2)等离子弧是如何产生的?

(3)等离子弧焊接时有哪些常见的焊接缺陷?并简述其产生原因。

实验十一　熔化极活性气体保护电弧焊

【实验目的】

(1)掌握熔化极活性气体保护电弧焊的原理、特点及应用范围。

(2)掌握自动熔化极活性气体保护电弧焊的基本焊法。

(3)观察电弧电流及电弧电压对焊缝熔深及熔宽的影响。

【实验设备与材料】

(1)TPS4000 型自动气保焊机、角磨机。

(2)低碳钢板、H08Mn2Si 焊丝、"80％Ar＋20％CO_2"混合气体。

(3)焊接面罩、焊接手套、口罩、焊缝检验尺等。

【实验内容】

熔化极氩弧焊是使用焊丝作为熔化电极,采用 Ar 或富 Ar 混合气作为保护气体的焊接方法。当保护气体是惰性气体 Ar 或"Ar＋He"时,成为熔化极惰性气体保护焊(MIG焊)。当保护气体以 Ar 为主,加入少量活性气体 CO_2 或 O_2 或"CO_2＋O_2"时,通常称作熔化极活性气体保护电弧焊(MAG 焊)。熔化极氩弧焊设备主要由弧焊电源、送丝机构、焊枪、行走台车、送气系统和控制系统等组成,其工作示意图如图 11－1 所示。焊接时,富Ar 混合气体从焊枪喷嘴中喷出,保护焊接电弧及焊接区;送丝机构将焊丝送至待焊处。本实验中采用自动焊接小车,引弧后,焊接小车按设定的焊接速度自动移动。焊接电弧在焊丝与焊件之间燃烧,焊丝被电弧加热熔化形成熔滴过渡到熔池中。冷却时,由熔化的焊丝和母材金属共同组成的熔池凝固结晶,形成焊缝。

不同的混合保护气具有不同的焊接工艺特征,MAG 焊常用的有"Ar＋O_2""Ar＋CO_2"或"Ar＋CO_2＋O_2"混合气体。"Ar＋O_2"混合气又分为两类:一种含 O_2 体积分数为1％～5％,用于焊接不锈钢等高合金钢及级别较高的高强度钢;另一类含 O_2 体积分数可达 20％以上,用于焊接低碳钢及低合金结构钢。"Ar＋CO_2"混合气体被广泛用于焊接碳钢及低合金钢,它既具有 Ar 的优点,如电弧稳定、飞溅小、很容易获得轴向喷射过渡等,又因为具有氧化性,克服了用单 Ar 焊接时产生的阴极漂移现象及焊缝成形不良等问题。Ar 与 CO_2 的混合比例,通常为"80％Ar＋20％CO_2"或"82％Ar＋18％CO_2",这种比例既可用于喷射过渡电弧,也可用于短路过渡及脉冲过渡电弧。"80％Ar＋15％CO_2＋5％O_2"混合气焊接低碳钢及低合金钢时,焊缝成形、熔滴过渡和电弧稳定性均比较理想。

熔化极氩弧焊的工艺特点:①适用范围广。MAG 焊可焊接低碳钢,焊接薄板又可焊

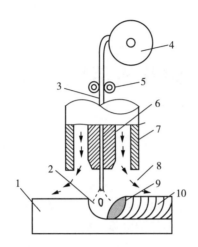

1—焊件;2—电弧;3 焊丝;4—焊丝盘;5—送丝滚轮;
6—导电嘴;7—保护罩;8—保护气体;9—熔池;10—焊缝金属。
图 11-1 熔化极氩弧焊示意图

接中等厚度和大厚度的板材。②生产率较高、焊接变形小。使用焊丝做电极,允许使用的电流密度较高,因此熔深大,熔敷速度快;生产率比 TIG 焊高,焊接厚大焊件时变形比 TIG 焊小。③与二氧化碳气体保护焊相比,MAG 焊电弧更稳定,熔滴过渡稳定,焊接飞溅小,焊缝成形美观。④由于混合气价格高,MAG 焊成本比二氧化碳气体保护焊的成本高。⑤MAG 焊主要用于焊接碳钢和低合金钢,不适用于焊接铝、镁、铜等容易被氧化的金属及合金。

【实验方法与步骤】

(1)焊前准备。焊前准备的主要工作包括焊接坡口准备、焊件及焊丝表面处理、焊件组装、焊接设备检查等。当焊件或焊丝表面存在油污等杂质时,焊接过程中就可能将杂质带入焊接熔池,从而形成焊接缺陷。焊件或焊丝表面存在较厚的氧化膜时将影响焊缝质量,在焊接铝合金时这个问题尤其突出,所以焊前需要进行仔细清理。对于钢铁材料,一般采用机械清理即可,可用手提角磨机打磨钢材表面铁锈及污物。对于铝合金焊接试板,还应采用化学方法去除氧化膜,再进行酸洗光化处理,最后从溶液中取出,干燥后进行焊接。

(2)焊接工艺参数选择。熔化极氩弧焊的焊接参数主要有焊接电流、电弧电压、焊接速度、焊丝伸出长度、焊丝倾角、焊丝直径、保护气体的种类及其流量等。

① 焊接电流和电弧电压通常是根据焊件的厚度及焊缝熔深来选择焊接电流及焊丝直径。根据焊接电流来确定送丝速度,在焊丝直径一定的情况下,焊接电流越大,送丝速度越大。

② 焊接速度在焊件厚度、焊接电流及电弧电压等其他条件确定的情况下,当焊接速度增加时,焊缝熔深及熔宽均减小;焊缝单位长度上的焊丝熔敷量减小,焊缝余高将减小。焊接速度过高可能产生咬边,需根据焊缝成形及焊接电流来确定合适的焊接速度。

③ 焊丝伸出长度增加,其电阻热增加,焊丝的熔化速度增加。过长的焊丝伸出长度会造成低电弧热熔敷过多的焊缝金属,使焊缝成形不良,熔深减小,电弧不稳定。焊丝伸出长度过短,电弧易烧导电嘴,金属飞溅易堵塞喷嘴。对于短路过渡焊接,合适的伸出长度为 6～13mm;其他形式的熔滴过渡焊接,合适的伸出长度为 13～25mm。

④ 熔化极氩弧焊要求保护气体具有良好的保护效果,如果保护不良,将产生焊接质量问题。保护气体从喷嘴喷出时如果能形成较厚的层流,将有较大的保护范围及良好的保护作用。但是,如果流量过大或过小,就会造成紊流,保护效果不好。因此,对于一定孔径的喷嘴,都有一个合适的保护气体流量范围。常用的熔化极氩弧焊的喷嘴孔径为 20mm 左右,保护气体流量为 10～30L/min。大电流熔化极氩弧焊时,应该用更大直径的喷嘴,需要更大的保护气体流量。

(3)焊接操作。具体操作如下:

① 打开焊机电源、气体钢瓶阀门和焊接小车电源。

② 设定焊机电源控制面板上的各个参数,包括焊接方法、焊丝直径、保护气体成分、焊接材料、焊枪操作方式、电流、电压等。

③ 按下检气按钮,调节气瓶气阀流量,然后关闭检气功能;按下送丝按钮,使焊丝伸出长度合适。

④ 将焊接小车及钢板放置在合适的位置,调节小车焊枪角度,解除小车锁定,打开小车行走开关,调节小车行走速度,检查小车行走是否正常,然后关闭行走开关,。

⑤ 选择合适的焊接起始位置,带好焊接面罩,依次快速打开焊接小车上的引弧开关和行走开关。仔细观察焊接过程,到结束位置时,立即关闭引弧开关,再关闭行走开关。

(4)焊接结束后,关闭焊接小车电源,锁死小车,防止滑行。关闭焊机电源及气瓶开关,并整理好实验台。

(5)分别采用直流模式和脉冲模式进行焊接,比较两种焊接方法对焊缝成形的影响。

本实验采用低合金低强度钢板,可不进行焊后热处理。焊后钢板温度极高,严禁触碰,谨防烫伤。

【实验结果与分析】

(1)记录焊接工艺参数,包括焊接材料、焊接方式、焊接电流、电弧电压、焊接速度、焊丝伸出长度、保护气体流量等。利用焊接检验尺测量焊缝余高、焊缝宽度、咬边深度、焊件变形等数据。

(2)简述脉冲熔化极气保焊的工艺特点。

实验十二　插销法冷裂纹试验

【实验目的】

(1)了解冷裂纹在焊接过程中的形成过程。

(2)学会用插销法测量焊接冷裂纹。

【实验设备与材料】

(1)插销试验机 1 台。

(2)手弧焊机 1 台。

(3)标准插销试棒(16Mn、A3 钢)每组 4 根。

(4)电焊条(E5045,4.0mm)2kg。

(5)底板组合 1 块。

(6)镍钴-镍铬热电偶(Φ0.5mm)1 个。

(7)用于采集数据的计算机 1 台。

【实验内容】

冷裂纹又称氢致裂纹,主要发生在焊接热影响区与熔合区的交界处,有时也发生在焊缝金属内部。冷裂纹一般在冷却到较低温度时产生,有的则在焊后几天或几十天才出现,所以亦称延迟裂纹。其产生的主要原因:①淬硬组织;②氢;③拘束应力。其主要的控制措施:①采用低氢焊条;②预热;③消氢;④焊后热处理。

插销试验(Implant test)是一种外拘束恒应力冷裂纹试验方法,可以用来定量评定材料的冷裂纹倾向和有关因素对冷裂纹倾向的影响。实验原理:在实验钢板上通过插销棒堆焊一道试验焊缝(标准插销试棒缺口尖端正好位于粗晶区内)。待试块焊缝冷却至150℃(一般冷裂纹开始出现的温度)时,对插销试棒施加选定的拉伸载荷,并保持至插销棒断裂。记录加载完毕至试棒断裂的时间。改变选定拉伸载荷,得一组试棒"σ 拉伸-t断裂"关系曲线,当 σ 很高时,试棒很快断裂;σ 稍低时,试棒有延时断裂特征。σ 越低,t 越长;当 σ 小于或等于某一数值时,试棒就不再断裂(实验标准规定试棒在 16h 或 24h 未断时可以定义为不再断裂,本实验定义 16h 未断裂为不再断裂)。此时的应力称为临界应力,用 σ_{cr} 表示,σ_{cr} 可以用来评价材料的冷裂纹倾向。σ_{cr} 小,则冷裂纹倾向大。在不同条件下测定同一材料的 σ_{cr},可以定量评定变动因素对冷裂纹的影响。本实验通过不同熔敷金属扩散氢含量(可通过焊条不同条件下烘焙达到)时 12Cr3NiMoV 钢的 σ_{cr} 测定,判定氢对冷裂纹的影响规律。

插销试棒的形状和尺寸如图 12-1 所示。

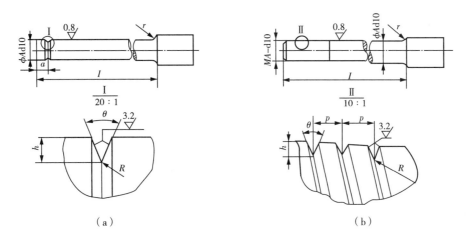

图 12-1　插销试棒的形状和尺寸

插销试验如图 12-2 所示,将被焊钢材加工成圆柱形的插销试棒插入底板上的孔中,试棒上端与底板表面齐平。试棒上端附近有环形或螺形缺口。试验时在底板上规定的线能量熔敷一条焊道,其中心线通过试棒的中心,其熔深应使缺口尖端位于热影响区的粗晶区内。

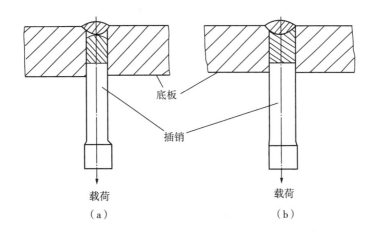

图 12-2　插销实验

施焊时应测定 $t_{8/5}$ 值,如不预热,焊后冷却至 100℃～150℃时加载。如有预热,应在高于预热温度 70℃时加载。载荷应在 1min 之内,且在冷却至 100℃或高于预热温度 70℃之前施加完毕。如有后热,应在后热之前加载。

在无预热条件下,载荷保持 16h 而试棒未断裂即可卸载。在有预热条件下,载荷至少保持 24h 才可卸载。多次改变载荷,即可求出在试验条件下不出现断裂的临界应力 σ_{cr}。临界应力 σ_{cr} 可以用启裂准则,也可以用断裂准则,应加以注明。通过 σ_{cr} 的大小,即可比较材料抵抗冷裂纹的能力。

【实验方法与步骤】

1. 试样及焊条准备

(1)按图 12-3 要求制备插销试棒及底板。

(2)焊条为 E5045,Φ4.0mm,烘焙范围:A. 350℃×2h;B. 150℃×1h,不烘干。

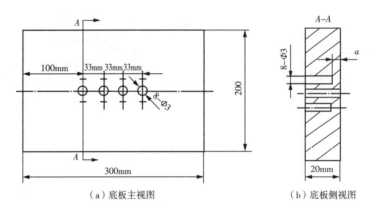

（a）底板主视图　　　　　　　　　　（b）底板侧视图

图 12-3　底板主视图和侧视图

2. 制备测温系统

(1)用电钻钻好测温孔,用平头钻头刮平,将底板测温孔污物用丙酮洗净,利用电容储能式电偶点焊机将热电偶焊在测温孔内,焊完后轻轻拨动电偶,检查是否焊牢,如未焊牢应重新洗孔,重新进行焊接。

(2)将所焊好的热电偶的底板小心安装在插销机上,把热电偶两端接入计算机接口。

3. 测力系统准备

(1)把插销试棒下端装在插销试验机的螺纹夹头中。

(2)将插销试棒上端插入试验底板孔中,让试棒端面与试板表面平齐(可用电动和手动控制插销试棒升降)。

(3)把拉力传感器上多芯接头的电线接在计算机接口上。

4. 焊接、测温及加载

(1)按图 12-4 检查接线是否准备完成,从计算机显示器可看出线路是否可靠,无误时准备开始焊接。

(2)用焊接电流 160A,电弧电压 23~25V,焊接速度 15cm/min 直流反接的规格进行焊接,焊道 100mm,用秒表控制焊接时间和速度。

(3)焊接时计算机自动记录焊接热循环曲线。

(4)停焊后,待焊道冷却至 150℃时马上对试棒施加选定的拉伸载荷,加载须在焊接温度降至 100℃以前完成,所有载荷均由数据采集系统完成,载荷加载完毕后保持不变。

(5)试棒被拉断后,插销试验结束。记录所加应力值及试棒在该应力下的延迟断裂时间。

(6)汇总各组试验数据,可得三种熔敷金属氢量水平下试验试棒材料的 σ-t 曲线。

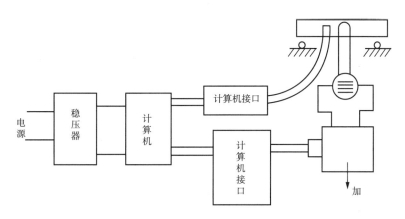

图 12-4　数据采集系统接线图

【实验结果与分析】

(1)绘制试棒材料在三种熔敷金属氢量水平下的 σ-t 曲线,测定不同条件下的 σ_{cr}。

(2)试分析影响冷裂纹的因素。

(3)试叙述冷裂纹产生的原因和防止冷裂纹产生的措施。

实验十三　铝合金鱼骨状可变拘束裂纹实验

【实验目的】

(1)了解焊接过程中热裂纹的形成。

(2)学会用鱼骨状裂纹试验测定铝合金焊接热裂纹敏感性。

(3)了解铝合金焊接接头的组织形貌。

【实验设备与材料】

(1)钨极氩弧焊焊机、金相显微镜等。

(2)铝合金、游标卡尺、砂纸、钢锯、手套、面罩、抛光机、电吹风、丙酮、无水乙醇、Keller 试剂等。

【实验内容】

(1)采用钨极氩弧焊,通过鱼骨状裂纹试验测定铝合金焊接热裂纹敏感性。

(2)观察与分析铝合金焊接接头的显微组织。

(3)总结实验结果,撰写实验报告。

【实验方法与步骤】

铝及铝合金的传热性能强,散热也比较迅速,在进行焊接的时候需要较大的热量,熔化状态的铝及铝合金在液态金属转变成固态金属以及固态金属在冷却过程中,体积收缩较为明显,这种收缩受到周围金属的阻碍,使得焊缝产生一定的拉应力。在结晶过程中,较先结晶的金属纯度较高,而较后结晶的金属含杂质较多,这些杂质最后会被不断长大的柱状晶推向晶界并聚集,形成低熔点共晶体。在焊缝结晶凝固后期,未凝固的低熔点共晶体就在晶界间形成一层金属"液态薄膜",温度继续降低,焊缝金属凝固冷却,体积收缩,导致拉应力不断增大,最后,液态薄膜在持续增大的拉应力作用下被拉裂开,而此时已没有液态金属来填补被拉裂开的晶界,最后在晶粒间形成了结晶裂纹。近缝区或多层焊的层间部位,在焊接热循环峰值温度的作用下,由于被焊金属含有较多的低熔点共晶体而被重新熔化,在拉伸应力的作用下发生开裂,即为液化裂纹。

鱼骨状可变拘束裂纹试验方法具有操作简单、结果可靠和试验成本低等优点,适用于检测铝合金薄板(1～3mm)焊缝及热影响区的热裂纹敏感性。此试验方法在实际生产中得到了广泛应用,其可以直观、明了地展示出铝合金热裂纹敏感性,并能加深对铝合金热裂纹形成机理的理解。

1. 试样制备

在铝合金板材上切取尺寸为 90mm×50mm×3mm 的试板,按图 13-1 所示尺寸在薄板上利用线切割加工出深度逐渐增加的切口,以造成沿试板长度方向上不同的拘束度,切口间距和宽度分别为 9mm 和 1mm,切口越长,该处拘束度越小。从 A 端到 B 端拘束度逐渐减小,焊接方向为从 A 到 B。焊前用丙酮和酒精清洁试板表面的油污并用砂纸打磨清除其表面氧化膜。

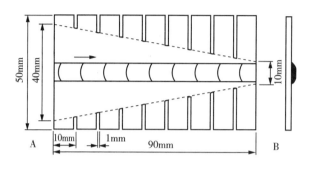

图 13-1　试样尺寸示意图

2. 焊接

采用不填丝钨极氩弧焊机进行焊接,沿着试板中心线从 A 端到 B 端熔融出一条焊缝,焊道宽度为 8～10mm。焊接参数:电流为 70～80A、焊接速度为 150～180mm/min、电压为 20～24V、氩气流量为 15L/min。

3. 裂纹测量

焊后通过测量和统计焊缝裂纹长度来评价合金的焊接裂纹敏感性,检查方法为目测,试验合金的结晶裂纹倾向 C_1 和液化裂纹倾向 C_2 可以按下式计算:

$$C_1 = L_1/L \tag{13-1}$$

$$C_2 = L_2/L \tag{13-2}$$

式中:L_1——结晶裂纹长度之和;

　　　L_2——液化裂纹长度之和;

　　　L——焊道总长度。

每组取 5 个试样,结果取平均值(表 13-1),针对铝合金裂纹倾向性指标,要求 $C_1 \leqslant 10\%$,$C_2 = 0$,即可认定材料的焊接裂纹倾向性低,焊接性良好。

表 13-1　试样裂纹统计表

试样编号	L_1	C_1	L_2	C_2
1				
2				
3				

试 样 编 号	L_1	C_1	L_2	C_2
4				
5				
平均值				

4. 金相观察与分析

用钢锯截取距离焊接初始端 15mm 处焊缝小块试样,然后依次使用 240♯、400♯、600♯ 水砂纸和 400♯、600♯、800♯、1000♯、1500♯ 金相砂纸打磨,最后进行抛光并清洗干净,制成金相试样。利用金相显微镜观察横截面各区域微观组织,腐蚀液选用新配置的 Keller 试剂。Keller 的具体配方为 1mL HF、1.5mL HCl、2.5mL HNO_3 和 95mL H_2O。

【实验结果与分析】

(1)测定铝合金焊接热裂纹率,分析其热裂纹敏感性。

(2)观察与分析铝合金焊接接头的显微组织形貌。

实验十四　45℃甘油法测定焊缝金属中扩散氢

【实验目的】

(1)了解手工电弧焊时影响焊缝金属中扩散氢含量的因素。

(2)掌握甘油法测定扩散氢的方法。

(3)了解焊缝金属中扩散氢测定的其他方法。

【实验设备与材料】

(1)KQ-3型测氢仪、集气管。

(2)手弧电焊机、电焊条烘干箱。

(3)电吹风、镊子、敲渣锤、钢丝刷、丙酮、酒精、秒表等。

(4)试件:低碳钢板 130mm×20mm×(10～12)mm、引收弧板 40mm×20mm×(10～12)mm。

(5)焊条:E4303(J422)Φ4.0;E5015(J507)Φ4.0。

【实验内容】

在金属焊缝中,氢大部分是以 H、H^+ 或 H^- 形式存在的,它们与焊缝金属形成间隙固溶体。由于氢半径小,一部分氢在焊缝金属的晶格中自由扩散而形成扩散氢。剩余部分扩散氢聚集到晶格缺陷、显微裂纹和非金属夹杂物边缘的空隙中结合为分子,而不能自由扩散,这部分氢称之为残余氢。

1. 氢对钢结构的危害

(1)暂时性危害,这种现象在经过时效热处理之后,可以消失,如氢脆、氢白点。

① 氢脆只出现在较窄的温度范围内,如低合金高强钢氢脆出现的温度为－60℃～60℃,高于或低于这个温度范围都将恢复塑性。

② 在移动载荷下,破坏过程与应变速率具有延迟特征,延迟的时长又与载荷大小有关。

③ 氢脆现象与氢在金属中固溶的程度及是否形成氢化物等无关。

④ 低于 100K(－173℃)时塑性反而开始恢复,并不再有氢脆出现。

(2)永久性危害,这类现象一旦产生,是不能消除的,且危害性是相当严重的,如气孔和冷裂纹。

2. 氢的产生与来源

由于焊接方法不同,氢向金属中溶解途径也不相同。对于手弧焊,氢主要以如下两个途径进入焊缝金属中。

（1）氢通过气相与液相的金属界面以原子或质子形式被吸附后溶入金属中。

（2）氢通过熔渣层以扩散形式溶入金属中。焊接时,氢主要来源于焊接材料中的水分、含氢物质、电弧周围空气中的水蒸气和母材坡口表面上的铁锈和油污等杂质。

3. 扩散氢的测量

目前,扩散氢的测量方法主要有三种,即甘油法、水银法和气相色谱法。本实验主要是针对甘油法进行介绍,由于扩散氢的含量极少,因此常用气体排液法把扩散氢收集到一个密闭的集气管内测量,方法如图 14 - 1 所示。

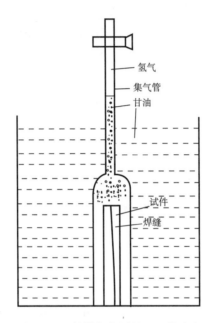

图 14 - 1　扩散氢的测量——甘油法

由金属表面扩散溢出的微小氢气泡必须通过收集介质浮升到集气管顶部,为使氢气泡通过介质时不至于对测量结果有影响,必须要求介质有一定的物理化学性能。具体要求:对氢溶解度较小,具有低的蒸汽压力,化学稳定性好,对人体无害,液体的黏度极低且价格便宜。目前的介质有甘油、石蜡油、酒精、水银等。

甘油法测试方法:将测得的扩散氢体积(mL)首先换算成标准状态下的氢气体积,再算出 100g 熔敷金属中析出的扩散氢含量。其计算公式如下:

$$【H】_{扩} = 100 \times \left(\frac{V}{G - G_0}\right)\frac{PT_0}{P_0 T}$$

式中:【H】$_{扩}$——标准状态下 100g 熔敷金属中的扩散氢含量;

　　　V——集气管中收集的气体体积数(mL);

　　　P——试验环境大气压(kPa);

　　　P_0——标准大气压(760mmHg);

　　　T——集气管内的温度(K);

T_0——标准大气压的温度(K);

G——试件焊后的重量(g);

G_0——试件原始重量(g)。

熔敷金属中含氢量标准见表 14-1 所列。测定扩散氢技术条件 GB/T 3965—2012 试板和焊条要求分别见表 14-2、表 14-3 所列。

表 14-1　熔敷金属中含氢量标准

评 定 标 准	熔敷金属中含氢量/mL	评 定 标 准	熔敷金属中含氢量/mL
高	>15	低	≤10,但>5
中	≤15,但>10	很低	≤5

表 14-2　测定扩散氢技术条件 GB/T 3965—2012 试板要求

试 验 材 料	材料热处理	试 件 尺 寸	收弧、引弧板
试件材质与试验焊条强度等级相近	650℃保温 1h 或(250±10)℃保温 6~8h 随炉冷却	130mm×25mm×12mm	有

表 14-3　测定扩散氢的技术条件 GB/T 3965—83 焊条要求

试 片 数	焊　条		焊　接　规　范			入水前时间/s
	型号	直径/mm	U/V	I/A	堆焊长度/消耗焊条长度/mm	
4	E4303	$\Phi4.0$	21~25	推荐值+15	115/150	2
4	E5015	$\Phi4.0$	21~23	同上	115/150	2

【实验方法与步骤】

(1)连接测氢仪电源线,检查电源电压是否与仪器相符。

(2)检查油槽是否有开缝或漏油之处,确定无损坏后,往油槽倾注甘油,油位应在油槽边缘下 10~20mm 处。

(3)开启照明开关,灯管即亮。开启电源开关,绿色指示灯亮,红色指示灯同时亮,表示电热丝已经开始工作,油温开始上升。SCOH 数显表同时显示工作温度和室温。待油温升至 45℃并保持稳定,可开始进行测氢试验。

(4)试验前焊条按生产厂的规定烘干,但不允许重复烘干使用。试验前,试样应去除氧化皮和铁锈,用乙醇去水,丙酮去油,再用电吹风吹干,清洗后的试样不得接触油、水等物,随后进行编号,然后用精度为 0.1g 的天平称出试件的原始重量 G_0。

(5)焊接时将试件和引、收弧板放在试件夹具台上,焊接过程尽可能采用短弧焊,绝不允许中间灭弧,以免产生弧坑。如果发生灭弧,试件将作废。停焊后 2s 内立即将试件投入 0℃~20℃的水中急冷,并摆动试件,避免局部温度过高,10s 后取出。试件从水中取出后,迅速清除焊渣及其他脏物,然后用铁锤敲断引弧和收弧板,把中间的一段试件擦干并用酒精去水,丙酮去油。将制备好的试样放入已经充满甘油的收集器内,试件从焊完到放入收集器的全过程要求在 60s 内完成。

(6)试件在 45℃恒温下放置 72h 后,将吸附在收集器管壁和试样上的气泡充分收集,准确读取气体量。根据集气管中甘油柱的液面对应的刻度,读出扩散氢量 V,这时,要记录恒温集气箱的温度 T,试验现场的气压 P_0,把试件从收集器中取出清洗干净,吹干,称出试件重量 G。

(7)根据公式计算出【H】$_扩$。

(8)测试完成后,关闭电源开关,拔掉电源线,取出试样并清洗。

【实验结果与分析】

(1)计算出焊缝熔敷金属中扩散氢含量,并进行等级评定。

(2)分析操作过程中,有哪些程序对【H】$_扩$ 的测定结果有较大影响,需要在操作时严格控制?

实验十五　盲孔法测焊接接头的残余应力

【实验目的】

(1)了解残余应力的形成和测试方法。

(2)初步掌握利用盲孔法测试残余应力的操作技术。

(3)加深理解焊接接头中焊接残余应力的分布规律。

【实验设备与材料】

(1)ZS21B 型残余应力测量仪。

(2)钻孔装置、电烙铁、电吹风。

(3)焊接试板、动态应变片、接线端子、导线、焊丝、砂纸、丙酮、502 胶水等。

【实验内容】

所谓焊接残余应力是指焊接温度场消失后,由焊接不均匀温度场以及由它引起的局部塑性变形和比容不同造成的,焊接结束冷却后仍不能消失而存在于物体内部的应力。焊接过程中,焊缝在电弧温度的作用下熔化形成熔池,这时焊缝温度达到最高点,当焊缝随电弧移动形成焊缝后并逐渐冷却时,焊缝从膨胀到收缩的过程在冷却后使焊缝残留了应力。

在实际焊接中,残余应力是很复杂的三向应力,但在某种情况下,应力分布的状态比较简单。在板厚 15~20mm 的结构中,残余应力基本是双向的,板厚方向的应力很少,可视为零。焊接时,由于热源对工件的局部加热,加热处膨胀,而周围未加热处温度较低,对加热处的膨胀有一定的阻碍作用。如果温度不高(膨胀量不大)或周围金属阻碍作用不大,加热处及其周围仅产生弹性内应力,同时按胡克定律产生相应的弹性变形。如加热温度较高,并且阻碍作用较大,则加热处除产生相当于屈服强度(σ_s)的内应力外,还可能产生压缩塑性变形,其周围仅产生弹性应力,而部分则可能产生屈服强度值的应力和塑性变形,在金属冷却下来后仍应保留着,但又因周围金属阻碍它的自由缩短而重新被拉长并产生拉伸应力,由于这些内应力和变形的作用,整个工件产生了永久变形。

本实验是采用桥式电路方式接线(图 15-1),其中 R3、R4 为仪器内部固定电阻,R_1、R_2 为外接应变片,可同时采集三个通道数据,信号经过电子多路开关选择后由高精度测量仪放大再经过 A/D 转换送入计算机。这样在整个系统中无机械触点,避免了因机械触点的转换产生误差从而降低了故障率,采集各路的释放应变片数据,按照给定的公式计算后显示或打印输出。

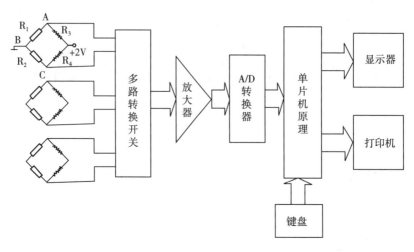

图 15-1　残余应力测试仪内部结构示意图

【实验方法与步骤】

(1)将被测钢板表面用手动砂轮机打磨后再用金相砂纸细磨(钢板表面要尽可能达到一定的光洁度,因为应力释放是通过动态应变片传递的,所以钢板的表面状态直接影响被测应力的精度)。

(2)贴动态应变片和动态应变补偿片(动态应变片和动态应变补偿片必须平行,它们的 X 向和 Y 向分别是在相同的平行线上,动态片和补偿片的距离为 5~10mm 即可,确保应变片能够接到接线端子的位置)。注意:若残余应力测试仪已接入固定应变补偿片,无须另贴应变补偿片。

(3)焊接应变片连接到接线端子上,测量片、补偿片和测量仪内部的补偿电阻形成了一个桥式电路,当应力释放的时候应力会通过测量片的传递使得电桥平衡遭到破坏,从而使电桥产生信号并通过仪器内部进行放大、衰减、数模转换,最后打印出来。

(4)如图 15-2 所示,仪器背面有三个通道的应力分力连接位置。后面板各部分功能说明:"①"代表电源总开关;"②"代表与 PC 机接口;"③"代表应变片三个方向输入;"④"代表补偿片三个方向输入;"⑤"代表电源插座;"⑥"代表保险管座。

(5)如图 15-3 所示,把应变片连接线通过接线端子按半桥方式连接在仪器背面的接线柱上。

(6)打开仪器电源开关,预热 20min。

(7)通过键盘切换查看 ε_1、ε_2、ε_3 的显示数值,等待其稳定后按下"检测"键,则显示自动清零并进入检测状态(可重复按下此键进行清零)。

(8)定位钻孔支架(注意钻头要对准应变片交轴的中心点位),然后用 502 胶水把支架脚粘牢,用电吹风吹干。当钻孔的各项准备工作都做好以后,可以开始钻孔。钻入量为 2mm(由钻孔片控制),钻孔结束把钻枪提起。

(9)在测量片中心的相应位置上打孔后等待 3min,等待数值稳定后可通过按键进行各个测量值及计算值的显示和打印。按下"ε_1""ε_2""ε_3"键分别显示 0°、45°、90°方向的应

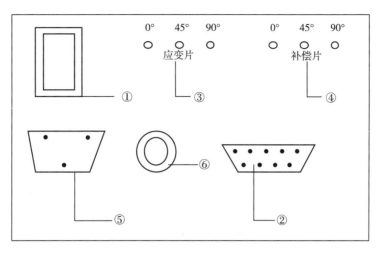

图 15 - 2　仪器背面接线端子

变值；按下"δ_1""δ_2"键显示应力值 δ_1、δ_2 的计算值；按下"θ"键显示 θ 的计算值。

（10）再对其他点测量时，应切断电源，接好线后再重复上述步骤。

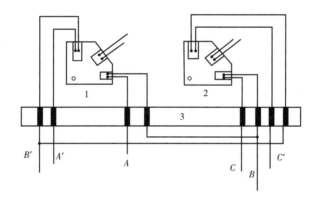

1—测量片；2—补偿片；3—接线端子。

图 15 - 3　动态应变片接线图

【实验结果与分析】

（1）通过手动操作掌握焊接残余应力的测试方法。

（2）按要求写出实验报告内容并根据实验结果做出力学分析图。

（3）简述焊接残余应力测试过程中哪些因素容易引起测量误差？如何减小误差？

实验十六　磁粉探伤

【实验目的】

(1)了解磁粉探伤的基本原理及设备使用。

(2)学会用磁粉探伤方法进行探测。

【实验设备与材料】

(1)CDX-4磁粉探伤仪1台。

(2)标准试块1个。

(3)磁粉、磁膏。

(4)自制试块、喷壶。

【实验内容】

铁磁性材料和工件被磁化后,由于磁性不连续性的存在,使工件表面和近表面的磁力线发生局部畸变而产生漏磁场,吸附施加在工件表面的磁粉,形成在合适光照下目视可见的磁痕,从而显示出不连续性的位置、形状和大小。

磁粉探伤的基本方法有干法和湿法两种:干法是用干的颗粒状磁粉均匀地铺设在焊缝表面进行探伤;湿法是将用磁膏与水按一定比例配置的悬浮液均匀喷洒在焊缝表面进行的探伤方法。磁粉探伤主要用于探测焊缝近表面下的缺陷,有表面或近表面的工件被磁化后,当缺陷方向与磁场方向成一定角度时,由于缺陷处的磁导率变化,磁力线逸出工件表面,产生漏磁场吸附磁粉形成磁痕。磁粉探伤干法一般用于探测近表面下较大缺陷,湿法则用于探测近表面下的微小缺陷。

用磁粉探伤检验表面裂纹,与超声波探伤和射线探伤比较,其灵敏度高、操作简单、结果可靠、重复性好、缺陷容易辨认。但这种方法仅适用于检验铁磁性材料的表面与近表面。磁粉探伤也有不少缺点,如由于它是用扼磁圈产生磁场,所以以扼磁圈的大小和功率决定被检物体的大小;磁粉探伤仪设备沉重,不便于携带;对较厚的焊缝探伤没有良好的灵敏度;不能对探测出来的缺陷确定位置。图16-1给出了不连续处的涡磁场和磁痕分布。磁粉检测质量分类见表16-1所列。

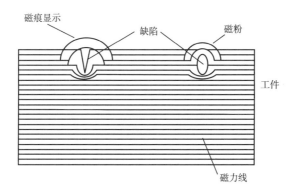

图 16-1 不连续处的涡磁场和磁痕分布

表 16-1 磁粉检测质量分类

等级	线性缺陷磁痕	圆形缺陷磁痕评定(框尺寸为 35mm×100mm)
Ⅰ	不允许	$d \leqslant 1.5$,且在评定框内不大于 1 个
Ⅱ	不允许	$d \leqslant 3.0$,且在评定框内不大于 2 个
Ⅲ	$L \leqslant 3.0$	$d \leqslant 4.5$,且在评定框内不大于 4 个
Ⅳ	大于Ⅲ级	

注:L 表示线性缺陷磁痕长度,mm;d 表示圆形缺陷磁痕直径,mm。

磁场的大小、方向和分布情况,可以利用磁力线来表示,如图 16-2 所示。

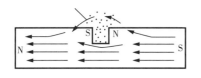

(a)具有机加工槽的条形磁铁产生的漏磁场

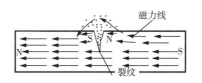

(b)纵向磁化裂纹产生的漏磁场

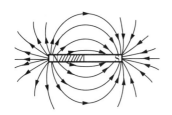

(c)条形磁铁的磁力线分布

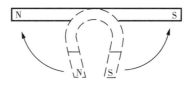

(d)马蹄形磁铁被校直成条形磁铁后N极和S极的位置

图 16-2 几种常见的磁力线分布

根据磁粉检验的方法不同(即喷洒磁粉与观察的时机不同),可以有如下分类:

(1)外加法(连续法)。在对被检工件充磁(磁化电流不断开)的同时喷洒磁粉(磁悬液)并进行观察评定。这种方法的优点是能以较低的磁化电流达到较高的检测灵敏度,特别适用于矫顽力低、剩磁小的材料，例如低碳钢；缺点是操作不便，检验效率低。

（2）剩磁法。利用被检工件充磁后的剩磁进行检验，即可以对工件充磁后，断开磁化电流后再喷洒磁粉（磁悬液）和进行观察评定。这种方法的优点是操作简便，检验效率高；缺点是要有较大的充磁电流（约为外加法所用磁化电流的 3 倍），要求被检材料有较高的矫顽力和剩磁（以保证充磁后的剩磁能满足检验灵敏度的需要），并且在使用交流或半波整流作为磁化时，必须注意断电相位。

工作磁粉的检验灵敏度除了与工件自身条件（铁磁特性、几何形状、表面光洁度等）有关外，最重要的就是磁化规范的参数选择，即直接通电法时的磁化电流（种类、大小）或者线圈法时的磁势（以磁化安匝数表示，即磁化电流与线圈匝数的乘积），或者磁轭的提升力等，这些参数将直接影响被检工件上磁化强度的大小，亦即直接影响漏磁场的大小。因此，为了正确确定工件的磁化规范，往往要采用特斯拉计（高斯计）或磁场指示器，或者简易（灵敏度）试片，或者灵敏度试块来检查、验证工件上的磁化强度是否合适。

【实验方法与步骤】

（1）根据待探伤试块形状尺寸，选择合适的探头。①旋转探头（E 型）。它能对各种焊缝、各种几何形状的曲面、平面、管道、锅炉、球罐等压力容器进行一次性全方位显示缺陷和伤痕。②电磁轭探头（D 型）。它配有活关节，可以对曲面、平面工件进行探伤。③马蹄探头（A 型）。它可以对各种角焊缝、大型工件的内外角进行局部探伤。④磁环（O型）。它能满足所有能放入工件的周向裂纹的探伤，用它来检测工件的疲劳裂痕（疲劳裂痕均垂直于轴向）极为方便，用它还可以对工件进行远离法退磁。

（2）将电源插头与仪器电源插座接好，探头和输出插座连接好。

（3）接通仪器电源开关，此时电源指示灯亮，仪器控制电路同时接通。

（4）手持探头对准贴有试片（或试块）的工件，喷洒磁悬液（湿法）或者干磁粉（干法）。将探头和被检工件接触好，按下探头上的开关，这时仪器对工件呈磁化状态，工作灯亮。

（5）松开开关，则切断主回路电源，工件停止磁化，观察工件缺陷。

（6）停止使用时，关断仪器电源开关。

【实验结果与分析】

（1）分别用湿法和干法对标准试块探测，并比较两种探测方法的特点。

（2）分析磁粉探伤的主要局限性。

实验十七　超声波探伤

【实验目的】

(1)学习运用超声波探伤的基本知识。

(2)掌握使用超声波探伤的基本方法。

【实验设备与材料】

(1)CTS-9002数字型超声波探伤仪。

(2)CSK-Ⅰ型标准试块,CSK-Ⅲ型标准试块。

(3)耦合剂(20号机油)、丙酮、无水乙醇等。

【实验内容】

超声波是一种机械振动波,可以直线传播并具有与光的传播相同的特性。在传播过程中有波长、波速、时间、频率,超声波在不同的介质中传播时速度是不一样的,超声波不能在真空中传播,这是因为空气对超声波的衰减使其具有与真空一样的效果。当超声波传播中碰到异质界面时会发生反弹,我们可以通过它的传播路径、速度和往返时间来确定被探物体的位置。超声波探伤由于它的经济、便捷、探测深度及较准确地确定缺陷位置等优点被广泛运用于探伤,但其缺点是当其遇到任何异质界面时是以波的形式反射回来的,所以不能确定被探物体的形状。超声波检测方法有共振法、透射法、脉冲反射法等。

超声波按照其波的发射形式来分类,有横波法、纵波法、表面波法、板波法四种。采用不同的探伤方法其使用的探头和方法也不一样,由于我们遇到焊缝形状不是固定的,所以单一的方法往往无法完好地进行探测,探测前首先要根据焊缝的形状与缺陷可能集中出现的部位选择波的探测方法从而能较为精确地探测到各部位的缺陷。用于超声波探伤的频率一般为$0.5\sim10MHz$,对钢等金属材料检验常用的频率为$1\sim5MHz$,超声波波长很短决定了超声波具有方向性好,能量高,能在界面上产生反射、折射和波形转换并且具有很强的穿透力。

1. 横波(S或T)

介质中质点的振动方向与波的传播方向互相垂直的波称为横波,用S或T表示。当介质质点受到交变的剪切应力作用时,产生剪切形变,所以形成横波,只有固体介质才能承受剪切应力,液体和气体不能承受剪切应力,因此横波只能在固体介质中传播,不能在液体和气体介质中传播。横波一般应用于焊缝、钢管探伤。

2. 纵波(L)

介质中质点的振动方向与波的传播方向互相平行的波称为纵波,用L表示。当介质质点受到交变拉应力时,质点之间产生相应的伸缩变形,从而形成纵波,凡能承受压缩或拉伸的介质都能传播纵波。固体介质能产生压缩或拉伸应力,液体和气体虽然不能产生拉伸应力,但是能产生压应力导致容积变化。因此,固体、液体和气体都能传播纵波。钢中纵波声速一般是 5960m/s,纵波一般用于钢板、锻件探伤。

3. 表面波(R)

当介质表面受到交变应力作用时,产生沿介质表面传播的波称为表面波,又称瑞利波,用 R 表示。表面波在介质表面传播时,介质表面质点做椭圆运动,椭圆长轴垂直于波的传播方向,短轴平行于波的传播方向,椭圆运动可以视为纵向振动和横向振动的合成,即纵波与横波的合成,因此表面波只能在固体介质中传播,不能在气体和液体介质中传播。

表面波的能量随深度的增加而迅速减弱,当传播超过两倍波长时,质点的振动已经很小了,因此,一般认为表面波探伤只能发现距工件表面两倍波长深度内的缺陷,表面波一般应用于钢管探伤。

4. 板波

在板厚与波长相当的薄板中传播的波,称为板波。根据质点的振动方向不同可将板波分为 SH 波和兰姆波。板波一般用于薄板、薄壁钢管探伤。

超声波探伤仪工作原理图如图 17-1 所示,超声波发生器利用交流电源和振荡电路,产生高频电脉冲,并可根据探伤要求调节脉冲的频率及发射能量。接收到的电脉冲依其能量的大小、时间的先后通过荧光显示屏显示出来的功能发生器使示波管产生水平扫描线(一条亮线,代表时间轴),接收放大器使接收到的脉冲信号作用于示波管的垂直偏转板,并按信号收到的时间先后将水平扫描线的相应部位拉起脉冲值。始脉冲是仪器发射出去的原始脉冲信号,伤脉冲是超声波自工件内缺陷处返回的脉冲信号,底脉冲则是超声波自工件底部返回来的脉冲信号。由于超声波在工件内是匀速传播的,因此在工件内走过的路程越长,返回的时间越晚,所以底脉冲要比伤脉冲出现得晚,它们在荧光屏上的水平距离反映了超声波在工件内走过的距离。

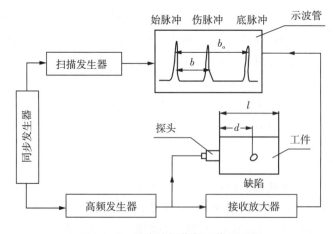

图 17-1　超声波探伤仪工作原理图

超声波在介质中传播是有能量衰减的。走过的距离越长,反射回来的能量越小,表现在接收回来的脉冲高度要变矮。如果缺陷较小,少量超声波自缺陷处反射回来,将有一个矮的伤脉冲,此时大部分能量抵达工件底面,底脉冲仍较高。如果缺陷面积很大,则伤脉冲就会高,相应的底脉冲就会很小。如遇到缺陷很大,或其界面又不垂直于超声波入射的方向,则没有伤脉冲(反射波收不到),也可能没有底脉冲。

【实验方法与步骤】

1. 仪器设置

打开电源开关,仪器自检完毕后按菜单进入设置界面,根据要求按左右键移动光标进入设置位,这里主要设置的有检波方式、探测范围、探头形式、探头角度、发射频率、阻尼、声速等,按下一页进入门位设置,如门位、门宽、门限、进波、报警等。

2. 超声波声速测量

(1)反射法测纵波声速

将标准试块平放,按公式声速为

$$c=2d/(T_1-t) \tag{17-1}$$

$$t=2T_1-T_2 \tag{17-2}$$

式中:d——工件厚度;

　　t——由探头晶片至工件表面的传递时间;

　　T_1——由探头晶片至工件底一次波传递时间;

　　T_2——由探头晶片至工件底二次波传递时间。

(2)反射法测横波声速

用标准试块半圆弧测横波声速,按公式声速为

$$c=2d/(T_1-t) \tag{17-3}$$

$$t=2T_1-T_2 \tag{17-4}$$

式中:d——工件厚度;

　　t——由探头晶片至半圆弧探测面的传递时间;

　　T_1——由探头晶片至半圆弧面一次波传递时间;

　　T_2——由探头晶片至半圆弧面二次波传递时间。

3. 纵波水平基线调整

把标准试块平放,纵波探测确定一次波、二次波、三次波……位置。

4. 探伤灵敏度校准

本仪器探伤灵敏度,在抑制为 0 时,配用 2.5P20 直探头发现距表面 200mm $\Phi2$ 孔的探伤灵敏度余量,应大于 46dB。若仪器探伤灵敏度太小,说明仪器不能正常工作或探头灵敏度太低。

"抑制"是对整个显示屏基线上的杂波显示高度进行处理,把小于高度的杂波去掉,把大于高度的有用信号的原有高度保存下来。在缺陷信号比较小时有利于发现大量杂波掩盖下的缺陷回波。

5. 仪器远距离探伤分辨力

测试仪器探伤远距离分辨力时,需将探伤仪抑制旋钮调"0",用 85mm、91mm 及

100mm 三个面的回波来定量标定远距离分辨力。

$$R=(91-85)\times d/C \qquad\qquad (17-5)$$

式中:d——85mm 面的回波的底部宽度(mm);

　　C——85mm 面的回波底部起点到 91mm 面的回波底部的起点距离(mm)。

6. 估计盲区大小

盲区是指仪器的最小探测距离,它反映了探伤仪及探头的综合性能,将仪器放置标准试块 Φ50mm 圆孔的上方和侧方,测量 Φ50mm 圆孔回波。此时,若在荧光屏上清晰地看到圆孔回波(回波前沿与水平线清晰相交),则盲区小于探头至孔的距离。本方法只能粗略估计盲区范围在小于等于 5mm 或大于等于 10mm。

7. 估计最大穿透力

将探伤仪的"增益"开到最大,"抑制"调为 0,把标准试块平放,将探头置于有机玻璃的上方,测试穿透有机玻璃块的底波次数和最后一次底波的高,以此来估计探伤仪的最大穿透能力。

8. 直探头延时标定

直探头的延时定义为超声波从探头压电晶片到工件表面距离(含探头保护膜和耦合剂的厚度)所需要的时间,单位用 μs 表示。直探头的延时一般比较小,但缺陷的准确定位还需标定。操作如下:

(1)按"标定"→"A"进入显示屏。

(2)按"调节键"选择试块,我们以 CSK - I 为例,如图 17 - 2 所示。

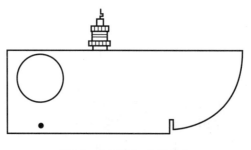

图 17 - 2　CSK - I 试块 1

(3)按"E"确定。

(4)按"A"选择基准量(单位 mm)。

(5)按"B"探头形式反显,选择直探头。

(6)按"C"声速反显,按"调节键"调节。注意,一般将材料声速测完后,仪器自动记录。

(7)按"闸门 1",调节闸门 1 到 100mm 一次回波位置,按"E"起点位置确定。

(8)此探头延时至"D"位置,出现标定结果,探头延时为 1.0μs,仪器将自动记录。

9. 斜探头延时及前沿标定

用横波斜探头确定反射体位置时,必须了解探头的入射点,入射点系指探头发射的波束轴线进入工件的点;同时,斜探头的晶片到探头的入射点的探头延时也需要标定。

操作如下：

(1)进入"基础"→"C"，调节探头输入标称值。

(2)按"标定"→"A"进入。

(3)按"调节键"选择试块，我们以 CSK - I 试块为例，如图 17 - 3 所示。

(4)按"E"确定。

(5)按"A"选择基准量(单位 mm)，按"调节键"输入 100mm。

(6)按"B"探头形式反显，选择斜探头。

(7)按"C"声速反显，按"调节键"可调节。

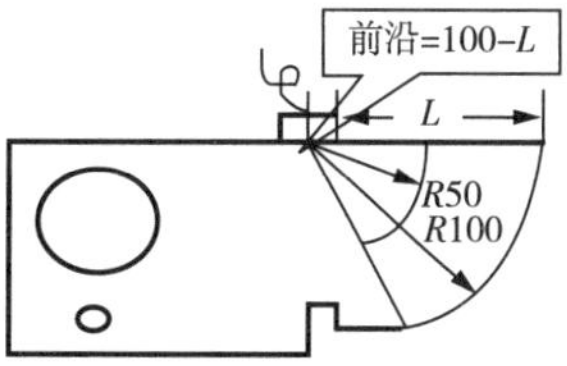

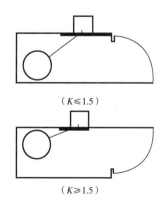

图 17 - 3　CSK - I 试块 2

(8)将探头对准 CSK - I 试块的 R100 曲面，适当调整范围和增益，使 R100 回波有合适高度，探头声束轴线保持和试块侧面平行，前后移动探头使回波最高，保持探头不动(此时打开峰值功能，有利于找到最高回波)。

(9)按"闸门 1"，调节闸门 1 到 100mm 一次回波位置，按"E"确定，仪器自动记录探头延时。

(10)此时直尺测探头前沿到 R100 端点的距离 L，探头前沿值为 100 与 L 的差值，单位为 mm，进入"基础"→"C"→"E"，输入探头前沿值完成。

10. 探头 K 值标定

横波斜探头标称方式有三种：用纵波入射角 α 表示、用横波折射角 β 表示、用 $\tan\beta$ 表示。本仪器用后两种表示。由于折射角随试件声速变化而变化，因此在探测某种材料时，折射角应在相应某种材料上进行。同时，测定 K 值应在进场区外进行。

下面以 CSK - I 试块，K 标称值 1.0 为例。

(1)保留前面声速、延时及前沿结果。

(2)按"标定"→"B"进入。

(3)按"B"圆孔直径，按"调节键"输入 50mm。

(4)按"C"圆孔深度，按"调节键"输入 70mm。

(5)按"A"输入探头标称 K 值 1.0。

(6)探头位置如图 17 - 4 所示，测 35°~60°。

(7)将探头对准 CSK - I 试块的 $\Phi50$ 孔，适当调整范围和增益，使 $\Phi50$ 孔回波有合适高度，探头声束轴线与试块侧面保持平行，前后移动探头，使回波最高，保持探头不动。(此时打开峰值功能，有利于找到最高回波)。

(8)按"闸门 1"调节闸门 1 到 $\Phi50$ 孔回波位置，按"E"确定，将仪器自动计算并显示探头 K 值在"D"处，K 值为 1.03。

11. DAC 曲线制作

在制作 DAC 曲线过程中，范围、dB、移位均不可再

图 17 - 4　K 值标定

调节,但 ∆dB、闸门等其他参数可以调节。另外,DAC 曲线和探头非常相关,在制作 DAC 曲线前,用户需对探头延时、对 K 值进行标定,否则所制作的 DAC 曲线错误。

操作如下(以 CSK -Ⅲ试块为例,如图 17 - 5 所示):

(1)按"功能"→"B"。在功能符号显示区显示 DAC 字样。

(2)按"E"选择曲线参数。分别输入评定线、定量线及判废线。

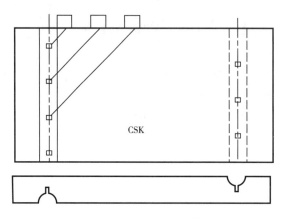

图 17 - 5　CSK -Ⅲ试块

(3)调整好曲线参数后,按"E"确定,将探头放置在 CSK -Ⅲ试块上,对准第一个基准孔(10mm 深)的孔,移动探头寻找最高波。

(4)按"闸门 1",调节闸门 1 到最高波位置,使用自动增益功能,将该波幅度提高 80% 左右。按"A"确定,完成第一个基准点的制作。

(5)重复(3)、(4)的过程,依次制作 20mm、30mm、40mm……(注意后面的制作不要使用自动增益功能,因为幅度不用再调节)

(6)在制作过程中,如果有基准点需做出调整,可以将闸门 1 移到该基准点,重新移动探头寻找最高波,再制作。

(7)按"B"完成 DAC 曲线的制作。

【实验结果与分析】

(1)试用实验法测量计算仪器分辨力 R。

(2)试叙述超声波探伤的特点和主要探伤方法。

(3)试叙述超声波探伤仪的主要调节参数。

(4)用实验法测量延时及前沿标定。

(5)用实验法测超声波在材料中的声速。

实验十八 射线探伤

【实验目的】

(1)了解射线探伤的产生、性质、衰减及基本方法。

(2)熟悉常见的射线探伤设备及器材,能正确选择 X 射线照相法设备参数。

(3)了解 X 射线照相法检测工艺,熟悉底片评定的方法,并能根据相关标准对焊缝质量进行评级。

(4)了解射线探伤的防护常识。

【实验设备与材料】

(1)X 射线探伤机及其配套设备。

(2)具有裂纹、夹杂、气孔等焊接缺陷的试块。

(3)金属像质计、胶片、铅数码、显影液、定影液等。

【实验内容】

射线探伤是利用射线可穿透物质和在物质中有衰减的特性来发现缺陷的一种探伤方法。按所使用的射线源种类的不同,可分为 X 射线探伤、γ 射线探伤和高能射线探伤等;按其显示缺陷方法的不同,又可分为射线电离法探伤、射线荧光屏观察法探伤、射线照相法探伤、射线实时图像法探伤和射线计算机断层扫描探伤等。它可以用来检查金属和非金属材料制品的内部缺陷,如焊缝中的气孔、夹渣、未焊透等缺陷。这种检验缺陷具有直观性、准确性和可靠性的优点,而且得到的射线底片可用于缺陷的分析和作为质量凭证存档。但此法也存在着设备较复杂、成本较高的缺点,并需要对射线进行防护。

【实验方法与步骤】

1. X 射线和 γ 射线的产生

用来产生 X 射线的装置是 X 射线管。它是由阴极、阳极和真空玻璃(或金属陶瓷)外壳组成,X 射线是由高速行进的电子在真空管中撞击金属靶产生的,γ 射线则由放射性物质($60Co$、$192Ir$ 等)内部原子核的衰变而来。X 射线的波长为 $0.001 \sim 0.1nm$,γ 射线的波长为 $0.0003 \sim 0.1nm$。如图 18-1 所示为 X 射线的产生示意图。

(1)X 射线的主要性质

① 不可见,以光速直线传播。

② 具有可穿透可见光不能穿透的物质,并且在物质中有衰减的特征。

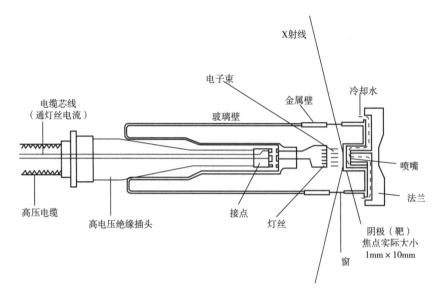

图 18 - 1　X 射线的产生示意图

③ 不带电,不受电磁场的影响。

④ 可使物质电离,能使胶片感光,亦能使某些物质产生荧光。

⑤ 能对生物细胞起作用(生物效应)。

(2)γ 射线的主要性质

γ 射线由于其波长比 X 射线短,因而射线能量高,具有更大的穿透力。例如,目前广泛使用的 γ 射线源 60Co,它可以检查 250mm 厚的铜质工件、350mm 厚的铝质工件和 300mm 厚的钢制工件。

2. 射线照相法

射线照相法是根据被检工件与其内部缺陷介质对射线能量衰减程度的不同,使得射线透过工件后的强度不同,导致缺陷能在射线底片上显示出来的方法。如图 18 - 2 所示,从 X 射线机发射出来的 X 射线透过工件时,由于缺陷内部介质对射线的吸收能力和周围完好部位不一样,因而透过缺陷部位的射线强度不同于周围完好部位。把胶片放在工件适当位置,在感光胶片上,有缺陷部位和无缺陷部位将接受不同的射线曝光;再经过暗室处理后,得到底片;然后把底片放在观片灯上就可以明显观察到缺陷处具有不同的黑度。评片人员据此就可以判断缺陷的情况。

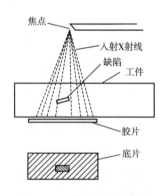

图 18 - 2　射线照相法原理

射线照相法具有灵敏度较高,所得射线底片能长期保存等优点,目前在国内外射线探伤中,应用最为广泛。射线照相法探伤得到的缺陷影像,可对照有关标准来评定工件内部质量。对于焊接射线探伤而言,我国已经制定了国家标准。以下介绍射线照相法中的各项主要技术。

(1)像质等级的确定

像质等级就是射线照相质量等级,是对射线探伤技术本身的质量要求。我国将其划分为三个级别:

A 级——成像质量一般,适用于承受负载较小的产品和部件。

AB 级——成像质量较高,适用于锅炉和压力容器产品及部件。

B 级——成像质量较高,适用于航天和核设备等极为重要的产品和部件。

不同的像质等级对射线底片的黑度、灵敏度均有不同的规定。为达到其要求,需从探伤器材、方法、条件和程序等方面预先进行正确选择和全面合理布置,对给定工件进行射线照相法探伤时,应根据有关规定和标准要求选择适当的像质等级。

(2)探伤位置的确定及其标记

在探伤工件中,应按产品制造标准的具体要求对产品的工作焊缝进行全检即 100%检查或抽查。抽检面有 5%、10%、20%、40%等几种,采用何种抽检面应根据有关标准及产品技术条件而定。

对于允许抽检的产品,抽检位置一般选在可能或常出现缺陷的位置、危险断面或受力最大的焊缝部位、应力集中部位、外观检查感到可疑的部位。

① 筒体与封头连接部位。因此 1～5、31～45 两条环焊缝应 100%探伤,共拍片30 张。

② 筒节纵环缝交叉部位。因此中间环焊缝 16～17、23～24 两个区段必须探伤。另外,根据规定,除 16～17、23～24 两个区段外,尚需再自行增加一个探伤区段。

③ 筒体纵缝 X-321 上的 0～1、6～7 两区段占焊缝长度的 28%,X-322 的 0～1、7～8 两区段已占焊缝长度 25%,均大于 20%的要求。

对于选定的焊缝探伤位置必须进行标记,使每张射线底片与工件被检部位能始终对照,易于找出返修位置。主要标记内容如下:

① 定位标记,包括中心标记、搭接标记。

② 识别标记,包括工件编号、焊缝编号、部位编号、返修标记等。

③ B 标记,应贴附在暗盒背面,用以检查背面散射线防护效果。若在较黑背景上出现"B"的较淡影像,应予重照。

另外,工件也可采用永久性标记(如钢印)或详细的透照部位草图标记,标记的安放位置如图 18-3 所示。

(3)射线能量的选择

射线能量的选择实际上是对射线源的 kV、MeV 值或 γ 源的种类的选择。射线能量愈大,其穿透能量愈强,可穿透能力愈强,可透照的工件厚度愈大。但同时也由于衰减系数的降低而导致成像质量下降。所以在保证穿透的前提下,应根据材质和成像质量要求,尽量选择较低的射线能量。

(4)胶片与增感屏的选择

① 胶片的选择

射线胶片不同于普通照相胶卷之处是在片基的两面均涂有乳剂,以增加对射线敏感的卤化银含量,通常依卤化银颗粒粗细和感光速度快慢,将射线胶片予以分类。探伤时

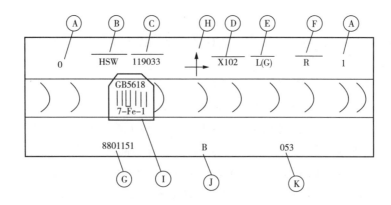

A—定位及分编号(搭接标记);B—制造厂代号;C—产品令号(合同号);D—工件编号;E—焊接类别(纵、环缝);
F—返修次数;G—检验日期;H—中心定位标记;I—像质计;J—B标记;K—操作者代号。

图18-3　各种标记相互位置(标记系)

可按检验的质量和像质等级要求来选择,检验质量和像质等级要求高的应选用颗粒小、感光速度慢的胶片;反之,则可选用颗粒较小、感光速度较快的胶片。

② 增感屏的选择

射线照相中使用的金属感屏,是将金属箔(常用铅、钢或铜等)黏合在纸基或胶片片基上。其作用主要是通过增感屏被射线投射时产生的二次电子和二次射线,增强对胶片的感光作用,从而增加胶片的感光速度;同时,金属增感屏对波长较长的散射线有吸收作用,这样,由于金属增感屏的存在,提高了胶片的感光速度和底片的成像质量。

金属增感屏有前、后屏之分,前屏(覆盖胶片靠近射线源的一面)较薄,后屏(覆盖胶片背面)较厚。其厚度应根据射线能量进行适当的选择。

(5)灵敏度的确定及像质计的选择

灵敏度是评价射线照相的最重要的指标,它标志着射线探伤中发现缺陷的能力。灵敏度分为绝对灵敏度和相对灵敏度。绝对灵敏度是指在射线底片上所能发现的沿射线穿透方向上的最小缺陷尺寸。相对灵敏度则用所能发现的最小缺陷尺寸在透照工件厚度上所占百分比来表示。由于预先无法了解沿射线穿透方向上的最小缺陷尺寸,为此必须采用已知尺寸的人工"缺陷"——像质计来度量。

像质计有线型、孔型和槽型三种。探伤时,所采用的像质计必须与被检工件材质相同,其放置方式应符合图18-4所示要求,即安放在焊缝被检区长度1/4处,钢丝横跨焊缝并与焊缝轴线垂直,且是细丝朝外。

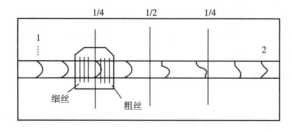

图18-4　像质计的正确安放

在透照灵敏度相同情况下,由于缺陷性质、取向、内含物的不同,所能发现的实际尺寸不同。所以在达到某一灵敏度时,并不能断定发现缺陷的实际尺寸究竟有多大。但是像质计得到的灵敏度反映了对某些人工"缺陷"(金属丝等)发现的难易程度,因此它完全可以对影像质量做出客观的评价。

(6)投射几何参数的选择

① 射线焦点大小的影响

射线焦点的大小对探伤取得的底片图像细节的清晰程度影响很大,因而影响探伤灵敏度。焦点为点状时,得到的缺陷影像最为清晰,底片上的黑度由 D2 急剧过渡到 D1。而当焦点为直径 d 的圆截面时,缺陷在底片上的影像将存在黑度逐渐变化的区域 Ug,称为半影。它使得缺陷的边缘线影像变得模糊而降低射线照相的清晰度,且焦点尺寸愈大,半影也愈大,成像就愈不清晰。所以,探伤时应尽量减小焦点尺寸。

② 透照距离的选择

焦点至胶片的距离称为透照距离,又称焦距。在射线源选定后,增大透照距离可提高底片清晰度,也增大每次透照面积。但同时也大大削弱单位面积的射线强度,从而使得曝光时间过长。因此,不能为了提高清晰度而无限地加大透照距离。探伤通常采用的透照距离为 400～700mm。

(7)常见焊缝透照方法

进行射线探伤时,为了彻底反映工件接头缺陷的存在情况,应根据焊接接头形式和工件的几何形状合理布置透照方法。按照射线源、工件和胶片之间的相互位置关系,焊缝的透照方法分为纵缝透照法、环缝外透法、环缝内透法和双壁双影法五种。

① 纵缝透照法。纵缝即平板对接焊缝或筒体纵缝,纵缝透照法是最常用的透照方法。

② 环缝外透法。环缝外透法中射线源在工件外侧,胶片放在筒体内侧,射线穿过单层壁厚对焊缝进行透照。

③ 环缝内透法。环缝内透法中射线源在筒体内,胶片贴在筒体外表面,射线穿过筒体单层壁厚对焊缝进行透照。

④ 双壁单影法。当射线在工件外侧,胶片放在射线源对面的工件外侧,射线通过双层壁厚把贴近胶片侧的焊缝投影在胶片上的透照方法称为双壁单影法,外径大于 89mm 的管子,当射线源或胶片无法进入内部可采用此法进行分段透照。

⑤ 双壁双影法。射线源在工件外侧,胶片放在射线源对面的工件外侧,射线透过双层壁厚把工件两侧都投影到胶片上的透照方法称为双壁双影法。外径小于或等于 89mm 的管子对接焊缝可采用此法透照。透照时,为了避免上、下层焊缝的影像重叠,射线束方向应有适当倾斜。《金属熔化焊对接接头射线检测技术和质量分数》(DL/T 821—2017)规定,射线束的方向应满足上下焊缝的影像在底片上呈现椭圆形显示,其间距以 3～10mm 为宜,最大间距不得超过 15mm,如图 18-5 所示。

在进行焊缝透照时应注意以下几点。

① 透照厚度差的控制

X 射线管发出的 X 射线并非平行束射线,一般是以一定的辐射角向外辐射,且其照

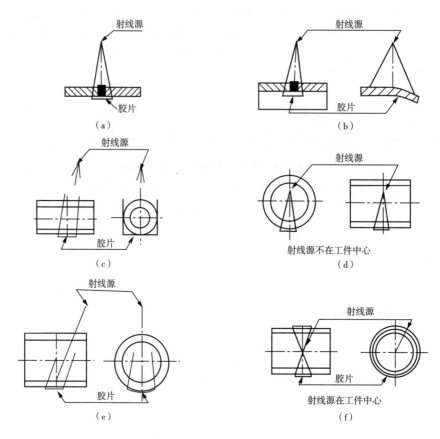

图 18-5　焊缝常见透照方法

射场内的射线强度分布不均匀使得底片黑度分布不均匀。靠近边缘,由于射线强度弱,其黑度低于中心附近黑度。同时,中心射线束穿过的工件厚度,产生了透照厚度差($\Delta\sigma=\sigma'-\sigma$),如图 18-6 所示,它也使底片中间部位黑度高于两端部位黑度。若以底片中间部位控制黑度,中间黑度适中,两侧黑度将会过低而降低图像对比度,位于两端部位的缺陷有可能漏检,尤其是横向裂纹缺陷,为此要控制透照厚度比。透照厚度比 K 定义如下:

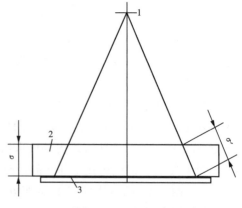

1—射线源;2—工件;3—胶片。

图 18-6　透照厚度差

$$K=\sigma'/\sigma \qquad (18-1)$$

式中:σ'——边缘射线束穿过工件厚度(mm);

　　　σ——中心射线束穿过工件厚度(mm)。

实际探伤时,透照厚度比 K 值按国家标准选择。

② 曝光规范的选择

曝光规范是影响照相质量的重要因素。X 射线探伤的曝光规范包括管电压、管电流、曝光时间及焦距四个参数。其中管电流与曝光时间的乘积为曝光量。γ 射线探伤的曝光规范包括射线源种类、剂量、曝光时间及焦距四个内容。射线剂量反映了射线强度，它和曝光时间的乘积称为曝光量，即直接影响底片黑度。实际射线探伤中是利用曝光曲线进行曝光规范的选择，如图 18-7 所示。

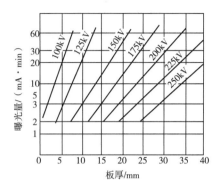

图 18-7　射线曝光曲线图

③ 焊缝射线底片的评定

射线照相法探伤是通过射线底片上缺陷影像来反映焊缝内部质量的。底片质量的好坏直接影响对焊缝质量评价的准确性高低。因此，只有合格的底片才能作为评定焊缝质量的依据。合格底片应满足下列指标要求：

A. 黑度值

黑度值是射线底片质量的一个重要指标。它直接关系到射线底片的照相灵敏度。射线底片只有达到一定的黑度，细小缺陷的影像才能在底片上显露出来。

B. 灵敏度

射线照相灵敏度是以底片上像质计影像反映的像质指数来表示的。因此，底片上必须有像质计显示，且位置正确，被检测部位必须达到灵敏度要求。

C. 标记系

底片上的定位标记和识别标记齐全，且不掩盖被检焊缝影像。

D. 表面质量

底片上被检焊缝影像应规整齐全，不可缺边缺角。底片表面不应存在明显的机械损伤和污染，检验区内无伪缺陷。

④ 底片上缺陷影像识别

A. 裂纹

底片上裂纹的典型影像是轮廓分明的黑线。其细节特征包括：线有微小的锯齿，有分叉，粗细和黑度有时变化；线的端部尖细，端头前方有时有丝状阴影延伸。

B. 未焊透

未焊透的典型影像是细直黑线，两侧轮廓都很整齐。在底片上处于焊缝根部的投影位置，一般在焊缝中部，呈断续或连续分布，有时贯穿整张底片。

C. 气孔

气孔在底片上的影像是黑色圆点，气孔的轮廓比较圆滑，其黑度中心较大，至边缘减小。气孔可以发生在焊缝中任何位置。

D. 未熔合

根部未熔合的典型影像是一条细直黑线，线的一侧轮廓整齐且黑度较大，另一侧可能规则也可能不规则。在底片上的位置是焊缝中间。

　　在焊缝射线底片上除上述缺陷影像外,还可能出现一些伪装缺陷影像,应注意区分,避免将其误判成焊接缺陷。焊缝射线底片上常出现的伪装缺陷及其原因见表 18-1 所列。

表 18-1　焊缝射线底片上常出现的伪装缺陷及其原因

伪缺陷的种类	影像特征	可能的原因
胶片质量不好	细上霉斑区域,或普遍严重发灰	底片陈旧发霉,胶片存放不当或过期
暗室处理不当	底片角上、边缘上有雾或普遍严重发灰	暗盒封闭不严、漏光,红灯不安全
显影液沾染	暗黑色珠状影像	显影处理前溅上显影液滴
静电感光	黑色枝状条纹	胶片产生静电感光
定影液沾染	点、条或成片区域的白影	显影前胶片沾染了定影液
划痕和压痕	黑度较大的点和线	局部受机械压伤或划伤
增感屏伪缺陷	淡色斑点区域	增感屏损坏或夹有纸片

　　⑤ 焊缝质量的评定

　　根据焊接缺陷形状、大小,国家标准将焊缝中的缺陷分成圆形缺陷、条状夹渣、未焊透、未熔合和裂纹五种。其中圆形缺陷是指长宽比小于或等于 3 的缺陷,它们可以是圆形、椭圆形、锥形或带有尾巴(在测定尺寸时应包括尾部)等不规则的形状,包括气孔、夹渣和夹钨。条状夹渣是指长宽比大于 3 的夹渣。

　　依据 GB/T 3323.1—2019 与 GB/T 3323.2—2019 标准,按照焊接缺陷的性质、数量和大小,将焊缝质量分为 Ⅰ、Ⅱ、Ⅲ、Ⅳ 共四级,质量依次降低。Ⅰ 级焊缝内不允许存在任何裂纹、未熔合、未焊透以及条状夹渣,允许有一定数量和一定尺寸的圆形缺陷存在。Ⅱ 级焊缝内不允许存在任何裂纹、未熔合和未焊透,允许有一定数量、一定尺寸的条状夹渣和圆形缺陷存在。Ⅲ 级焊缝内不允许存在任何裂纹、未熔合以及双面焊和加垫板的单面焊中的未焊透,允许有一定数量、一定尺寸的条状夹渣和圆形缺陷存在。Ⅳ 级焊缝指焊缝缺陷超过Ⅲ级者。

　　A. 圆形缺陷的评定

　　圆形缺陷的评定首先确定评定区,见表 18-2 所列,其次考虑到不同尺寸的缺陷对焊缝危害程度不同,因此对评定区域内大小不同的圆形缺陷不能等同对待,应将尺寸按表 18-3 规定换算成缺陷点数。

表 18-2　圆形缺陷评定区

母材厚度/mm	≤25	>25～100	>100
评定区尺寸/(mm×mm)	10×10	10×20	10×30

表 18-3　圆形缺陷评定区缺陷尺寸与点数换算表

缺陷尺寸/mm	≤1	1～2	2～3	3～4	4～6	6～8	>8
点数	1	2	3	6	10	15	25

最后计算出评定区域内缺陷点数总和,然后按表 18 - 4 提供的数量来确定缺陷的等级。

表 18 - 4　圆形缺陷评定区质量等级

质量等级	母材厚/mm					
	≤10	10～15	15～25	25～50	50～100	＞100
Ⅰ	1	2	3	4	5	6
Ⅱ	3	6	9	12	15	18
Ⅲ	6	12	18	26	30	36
Ⅳ	缺陷点大于Ⅲ级者					

B. 单个条状夹渣的评定

当底片上存在单个条状夹渣时,以夹渣长度确定其等级。考虑到条状夹渣长度对不同板厚的工件危害程度不同,一般较厚的工件允许较长的条状夹渣存在。因此国家标准规定,也可以用条状夹渣长度占板厚的比值来进行等级评定,见表 18 - 5 所列。

表 18 - 5　条状夹渣的分级

质量等级	单个条状夹渣长度		条状夹渣总长
	板厚/mm	夹渣长度/mm	
Ⅱ	δ≤12	4	在任意直线上,相邻两夹渣间距均不超过 6L 的任何一组夹渣,其累计长度在 12δ 焊缝长度内不超过 δ
	12<δ<60	1/3δ	
	δ≥60	20	
Ⅲ	δ≤9	6	在任意直线上,相邻两夹渣间距均不超过 3L 的任何一组夹渣,其累计长度在 6δ 焊缝长度内不超过 δ
	9<δ<15	2/3δ	
	δ≥45	30	
Ⅳ	大于Ⅲ等级		

注:表中"L"为该组夹渣中最长者的长度;δ 为板厚。

焊缝质量的综合评级方法如下:

事实上,焊缝中产生的缺陷往往不是单一的,因而反映到底片上可能同时有几种缺陷。对于几种缺陷同时存在的等级评定,应先各自评级,然后综合评级。如有两种缺陷,可将其级别之和减 1 作为缺陷综合评级后的焊缝质量级别。如有三种缺陷,可将其级别之和减 2 作为缺陷综合评级后的焊缝质量等级。

当焊缝的质量级别不符合设计要求时,焊缝评为不合格。不合格焊缝必须进行返修。返修后,经再探伤合格,该焊缝才算合格。一般来说,根据产品要求,每种产品在设计中都规定了探伤的合格级别,评定时应当遵循设计规定。

3. 射线荧光屏观察法

射线荧光屏观察法是透过被检物体后不同强度的射线,再投射在涂有荧光物质的荧光屏上,激发出不同强度的荧光而得到物体内部的影像的方法。

此法所用设备主要由 X 射线发生器及控制设备、荧光屏、观察和记录用的辅助设备、防护及传送工件的装置等组成。检查时,把工件送至观察箱上,X 射线管发出的射线透过被检工件,落到与之紧挨着的荧光屏上,显示的缺陷影像经平面镜反射后,通过平行于镜子的铅玻璃观察。

射线荧光屏观察法只能检查较薄且结构简单的工件,同时灵敏度较差,最高灵敏度在 2%～3%,大量检验时,灵敏度最高只达 4%～7%,对于微小裂纹是无法发现的。

4. 射线实时成像检验

射线实时成像检验是工业射线探伤很有发展前景的一种新技术,与传统的射线照相法相比具有实时、高效、不用射线胶片、可记录和劳动条件好等显著优点。由于它采用 X 射线源,常称为 X 射线实时成像检验。国内外将它主要用于钢管、压力容器壳体的焊缝检查,微电子器件和集成电路检查,食品包装夹杂物检查及海关安全检查等。

这种方法是用小焦点或微焦点 X 射线透照工件,再用一定的器件将 X 射线图像转换为可见光图像,再通过电视摄像机摄像后,将图像直接或通过计算机处理后显示在电视监屏上,以此来评定工件内部的质量。通常所说的 X 射线电视探伤,是指 X 光电增强电视成像法,该法在国内外应用最为广泛,是当今射线实时成像检验的主流设备,其探伤灵敏度已高于 2%,并可以与射线照相法相媲美。该法探伤系统的基本组成如图 18-8 所示。

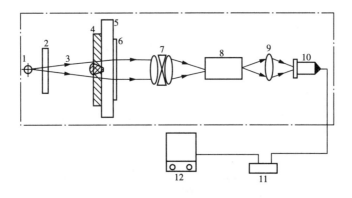

1—射线源;2—电动光阑;3—X 射线束;4—工件;5、6—图像增强器;
7—耦合透镜组;8—电视摄像机;9—控制器;10—图像处理器;11—监视器;12—防护设施。

图 18-8 X 光电增强电视成像法探伤系统

5. 射线计算机断层扫描技术

射线计算机断层扫描技术简称 CT(Computer Tomography)。它是根据物体横断面的一组投影数据,经计算机处理后,得到物体横断面的图像。射线工业 CT 系统组成示意图如图 18-9 所示。

射线源发出扇形束射线,被工件衰减后射线强度投影数据经接收检验器(300 个左右,能覆盖扇形扫描区域)被数据采集部采集,并进行从模拟量到数字量的高速 A/D 转换,形成数字信息。在一次扫描结束后,工作转动一个角度再进行下一次扫描,如此反复下去,即可采集到若干组数据。这些数字信息在高速运算器中进行修正,图像重建处理

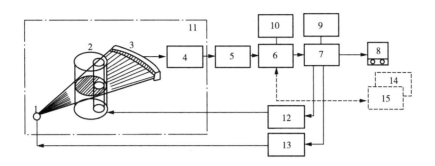

1—射线源;2—工件;3—检测器;4—数据采集部;5—高速运算器;
6—计算机;7—控制器;8—显示器;9—摄影单元;10—磁盘;11—防护设备;
12—机械控制单元;13—射线控制单元;14—应用软件;15—图像处理器。

图 18-9 射线工业 CT 系统组成示意图

和暂存,在计算机 CPU 的统一管理及应用软件支持下,便可获得被检物体某一断面的真实图像,显示于监视器上。

【实验结果与分析】

(1)X 射线和 γ 射线的产生有什么区别?

(2)焊缝的透照方法有哪几种?

(3)射线探伤的基本方法有哪几种?

(4)底片上几种常见缺陷的特征是什么?

实验十九　不同焊接材料与焊接工艺的焊接接头组织观察

【实验目的】

(1)学会焊接接头金相试样的制备方法。

(2)了解低碳钢焊缝金属结晶特点,分析焊接接头各区域的组织特征。

(3)了解不同焊接方法对焊接接头质量和组织的影响。

【实验设备与材料】

(1)手弧焊机、二氧化碳气体保护焊机、MAG 焊机、金相切割机、砂轮机、焊接检验尺、抛光机、电吹风机、金相显微镜等。

(2)低碳钢板(Q235、Q345)、J422 焊条、气保焊焊丝、金相砂纸、抛光膏、4%的硝酸酒精腐蚀剂、无水乙醇等。

【实验内容】

金属焊接接头主要由焊缝、热影响区及母材三部分组成。在焊接过程中,焊缝金属被加热熔化,冷却时又经过凝固结晶和固态相变过程,焊接接头各部分受到不同的热循环,相当于一系列的热处理,造成焊接接头各区域组织和性能上的差异。

1. 焊缝金属的组织

焊缝金属的结晶过程与一般铸锭的结晶过程相比有其特殊性。其一,由于熔池体积小,其周围被冷金属包围,所以熔池冷却速度很大;熔池中的液态金属温度比一般钢水的浇注温度高,液态金属处于过热状态,这样从熔池中心到固-液相界面存在很大的温度梯度。同时,焊接时,熔池随热源的移动而移动,加之焊条的摆动和电弧的吹力,使熔池产生强烈的搅拌作用,因而熔池内的熔化金属处于运动状态下结晶。其二,焊缝金属的晶粒是直接从熔池壁母材金属的晶粒上长大,它和熔合区附近的母材晶粒相连结晶(交互结晶)。其三,熔池结晶在很大的温度梯度下进行。因此,焊缝金属的结晶组织有着与散热相反方向长成的柱状组织特征。

由于低碳低合金钢焊缝的含碳量较低,故固态相变的结晶组织主要由铁素体和少量珠光体组成,如图 19-1(a)所示。由于铁素体一般先从原奥氏体晶界析出,往往将原奥氏体的柱状轮廓勾画出来,其晶粒很粗大,甚至一部分铁素体还具有魏氏组织的形态。魏氏组织的特征是铁素体在奥氏体晶界呈网状析出,具有长短不一的针状或片条状,可直接插入珠光体晶粒之中。魏氏组织主要出现在晶粒粗大的过热的焊缝之中。

2. 焊接金属热影响区的组织

临近焊缝金属两侧的母材,在焊接过程中被加热到低于熔点的各种温度,然后由冷却到室温的区域为热影响区(HAZ)。由于热影响区内各处经历的焊接热循环不同,因而各处的显微组织也不同。下面以16Mn钢为例分析热影响区的组织,母材通常为热轧态组织。

(1)热影响区

① 熔合区:该区是焊缝与母材相邻的部位,温度处于固相线和液相线之间,金属处于局部熔化状态,晶粒粗大,化学成分和组织都极不均匀,冷却后为过热组织。这段区域很窄,有时在金相显微镜观察下也难以区分。但是该区域对焊接接头的强度、塑性都带来了极为不利的影响。在很多情况下,该区域就是裂缝、局部脆性破坏的发源地。

② 过热区(粗晶区):该区受热温度为固相线至1100℃,金属处于过热状态,奥氏体晶粒剧烈长大。由于晶粒粗大,冷却后易出现粗大的魏氏组织,如图19-1(b)所示。

③ 完全重结晶区(结晶区):该区受热温度为1100℃～A_{C3}。该区域的珠光体和铁素体全部转变为奥氏体,由于焊接时,加热速度快,停留时间短,奥氏体晶粒还未长大,焊接后该区域经空冷后得到均匀细小的珠光体和铁素体,相当于热处理中的正火组织,称之为相变重结晶区,如图19-1(c)所示。

④ 不完全重结晶区:该区受热温度为A_{C1}～A_{C3},只有一部分组织转变为奥氏体,冷却时奥氏体又转变为细小的珠光体和铁素体,称之为相变重结晶,而未曾转变为奥氏体的那部分铁素体不发生任何转变,称之为不完全重结晶。组织分布不均匀,对机械性能有不良影响,如图19-1(d)所示。

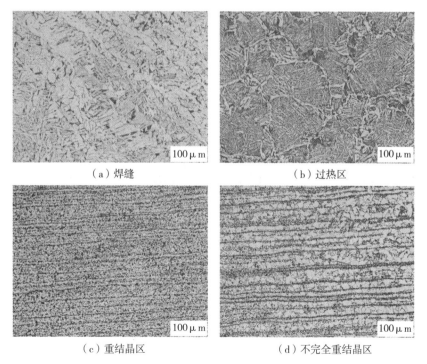

(a)焊缝　　　　　　　　　　　(b)过热区

(c)重结晶区　　　　　　　　　(d)不完全重结晶区

图19-1　16Mn钢埋弧焊焊接接头金相组织

【实验方法与步骤】

　　每 3～4 人为一组,每组分 6 块焊接试板,分别采用手工电弧焊、二氧化碳气体保护焊、熔化极活性气体保护电弧焊进行两块试板对接焊。焊接结束以后对焊缝质量做综合评判,最后进行组织观察与分析。

　　(1)实验工艺制定。学生先设定实验方案,根据不同的焊接材料和焊接方法设计焊接接头的坡口形式,焊接接头基本形式如图 19 - 2 所示。再根据实验方案选择好每组试块的焊接工艺参数。

　　(2)选择接头形式,并根据焊接材料尺寸打坡口。注意要对焊接试板进行去污、去油、去锈、去水等处理,使其露出金属光泽。

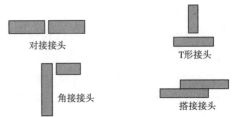

图 19 - 2　焊接接头基本形式

　　焊接接头的主要形式有以下几种形式:

　　开坡口的方法要根据焊接材料的厚度尺寸与焊接方法来制定,焊接坡口基本形式如图 19 - 3 所示。

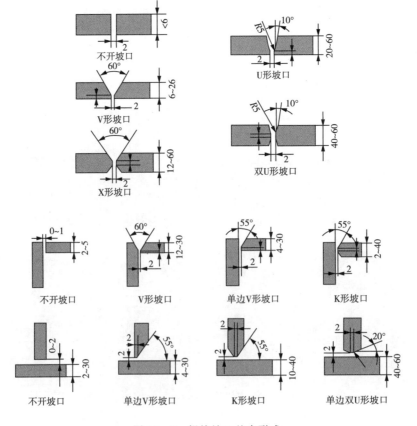

图 19 - 3　焊接坡口基本形式

（3）把处理好的试块和焊丝、焊丝放入烘箱中，250℃条件下预热 1～2h。

（4）学生做焊前练习。

（5）从炉中取出已烘烤的试块与焊条做定位焊，定位焊要求与标准焊接一样，长度前后各留 2～3mm，并做反向角变形。

（6）分别采用手工电弧焊、二氧化碳气体保护焊、熔化极活性气体保护电弧焊进行两块试板对接焊，记录焊接工艺参数。

（7）焊接结束后先清渣处理，然后使用焊接检验尺测量焊缝宽度、余高和咬边深度，结果记录在相应表格中。HJC60 焊接检验尺示意图如图 19－4 所示。

① 测量焊缝宽度：先用主体测量角靠紧焊缝的一边，然后旋转多用尺的测量角靠紧焊缝的另一边，观察多用尺上的指示值，即为焊缝宽度。

② 测量平面焊缝高度：首先把咬边尺对准零，并紧固螺丝，然后滑动高度尺与焊点接触，高度尺所指示的值，即为焊缝高度。

③ 测量焊缝咬边深度：首先把高度尺对准零位，并紧固螺丝，然后使用咬边尺测量咬边深度，观察咬边尺指示值，即为咬边深度。

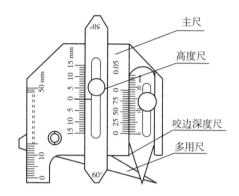

图 19－4　HJC60 焊接检验尺示意图

（8）使用金相切割机截取焊接接头金相试样，试样大小合适，未观察到完整的焊接热影响区组织，建议焊缝两侧保留 10mm 以上。操作步骤如下：

① 接通电源；

② 装夹被切割试样，找准切割位置，保证夹紧、夹稳；

③ 开水，调整水柱喷射方向，使其对准试样的切割位置；

④ 开机，缓慢推压砂轮接触试样，均匀施压，使压砂平稳地切割试样；

⑤ 切下试样后停机，关水，松开夹头，取下夹头上的试样；

⑥ 使用台式砂轮机打磨试样棱角，使其圆滑而不锋利。

金相切割注意事项：

① 工件必须夹持平稳、牢靠，严禁工件未夹紧就开始切割；

② 工件装夹完毕，开始切割前，必须盖上防护罩，严禁在不盖防护罩的情况下切割；

③ 严禁使用已经残缺或有裂纹的砂轮片，切割时，尽量避免火星四溅，并远离易燃易爆危险物品；

④ 切割时，冷却液必须对准试样的切割位置，并同时保持均匀供给，冷却液的大小应调节至切割要求，以免溢出机外；

⑤ 切割时，切割者必须偏离砂轮片正面，手稳握手柄均匀慢速施力垂直下切，越厚越硬的试样切割速度则越要慢；

⑥ 切割中，设备如出现抖动、异响等异常情况，应立即停机检查和维修；

⑦ 切割后,砂轮片未完全停止前,不得将手松离手柄,不得将手伸进切割区域去取试样或其他操作;

⑧ 切割完毕,做好设备的清洁工作。

(9)金相试样腐蚀及组织观察。金相试样取样后,然后按 150♯、240♯、400♯、600♯到 800♯的顺序使用金相砂纸进行手磨。手磨之后使用抛光机对试样进行抛光,然后分别用水洗、酒精冲洗后,采用 4% 硝酸酒精溶液对已抛光好的焊接试样进行腐蚀。腐蚀程度以试样表面变暗,失去镜面特征为宜,之后立即用自来水冲洗试样表面,并用酒精反复冲洗试样表面,使腐蚀面上无水分残留,用吹风机吹干。利用金相显微镜观察、分析焊接接头各区域的显微组织,并画出组织示意图。

【实验结果与分析】

(1)实验结束以后对焊缝质量做综合评判,将实验结果记录在相应表格(表 19 - 1～表 19 - 3)中。

表 19 - 1　手弧焊工艺参数

焊接道次	焊接材料	电压/V	电流/A	焊接速度/(cm·min⁻¹)	焊缝宽度/mm	余高/mm	咬边深度/mm
1							
2							
3							

表 19 - 2　二氧化碳气体保护焊工艺参数

焊接道次	焊接材料	电压/V	电流/A	焊接速度/(cm·min⁻¹)	焊缝宽度/mm	余高/mm	咬边深度/mm
1							
2							
3							

表 19 - 3　MAG 焊工艺参数

焊接道次	焊接材料	电压/V	电流/A	焊接速度/(cm·min⁻¹)	焊缝宽度/mm	余高/mm	咬边深度/mm
1							
2							
3							

(2)绘制典型低碳钢焊接接头组织示意图,并分析各区域组织类型。

(3)根据焊接结果综合评价分析不同焊接方法对焊缝成形质量的影响。

实验二十　焊条的制作及其性能测试

【实验目的】

(1)初步了解焊条药皮的配方,熟悉每种成分的主要作用。

(2)掌握实验室进行焊条配制的全过程。

(3)了解焊条工艺性能的评定项目及评定方法。

【实验设备与材料】

(1)焊条压涂机、调直切断机、磨头磨尾机、烘箱、电焊机、金相显微镜、硬度计等。

(2)焊芯、云母粉、钛铁粉、大理石、白云石、锰铁粉、金红石、钛白粉、长石、白泥、石英、硅铁粉等药皮配方成分。

(3)砂纸、手套、面罩、电吹风、无水乙醇、4％硝酸酒精溶液、低碳钢板、砂轮机、天平等。

【实验内容】

(1)查阅资料,了解焊条配方原料的作用,试做焊条,熟悉焊条制作方法。

(2)设计焊条配方,进行工艺实验:电弧稳定性、飞溅、脱渣性及焊缝成形实验等。

(3)优选出最佳配方,制出焊条,进行焊接工艺性能测试,制备金相与硬度试样。

(4)观察与分析焊缝的显微组织,测量焊缝硬度。

(5)总结实验结果,撰写实验报告。

【实验方法与步骤】

1. 焊条药皮成分

焊条是由药皮与焊芯组成。焊芯受热熔化并作为焊缝的填充金属,因此,焊芯的化学成分和性能对焊缝金属的质量有着直接的影响。黏结在焊芯上各种粉料和黏结剂的混合物称为药皮,药皮中主要含有稳弧剂、造渣剂、造气剂、脱氧剂、合金剂、黏结剂等组成物,药皮中的很多组成物起到多种作用,比如大理石可以造气、造渣、稳弧等。

确定焊条药皮配方的原始依据主要有两点:一是被焊材料的化学成分、机械性能或其他特殊性能(如高温性能、低温性能及耐腐蚀性能);二是焊接接头的工作条件,如工作温度高低、工作介质的性质、工作压力等。因此确定焊条药皮配方时,要使焊条具有良好的冶金性能,尽可能提高工艺性能以及压涂性。设计焊条药皮配方时首先要设计焊条成分,要考虑到焊缝化学成分往往与被焊金属成分有所不同。然后确定焊条药皮类型,对于低合金高强度钢时,一般选用低氢型药皮;对于一些特殊焊条可按上述原则确定药皮类型。

药皮类型确定后,可以初步确定药皮配方,一般是采用以经验为主、计算为辅的方法,同时参考目前成熟的配方来初步确定各种物质的用量。焊条配方被初步确定以后,即可制出焊条进行试焊的各种考核实验,如电弧稳定性实验、熔渣的流动性与焊缝成形实验等,根据实验分析结果再做适当配方调整直至符合要求为止。

表 20 - 1　药皮材料的主要成分及其作用

材　料	主要成分	造　气	造　渣	脱　氧	合金化	稳　弧	成　形	黏　结
金红石	TiO_2		A				B	
钛白粉	TiO_2		A				B	
白云石	$CaCO_3 + MgCO_3$		A				B	
大理石	$CaCO_3$	A	A				B	
长石	SiO_2、Al_2O_3、$K_2O + Na_2O$		A				B	
白泥	SiO_2、Al_2O_3、H_2O		A					A
云母	SiO_2、Al_2O_3、H_2O、K_2O		A				B	A
石英	SiO_2		A					
锰铁	Mn、Fe		B	A	A			
钛铁	Ti、Fe		B	A	B			
45 硅铁	Si、Fe		B	A	A			
水玻璃	K_2O、Na_2O、SiO_2		B				A	A

注:A 表示主要作用,B 表示附带作用。

2. 焊条药皮的压涂

焊条压涂机有油式和螺旋式两种,压涂原理基本相同。螺旋式焊条压涂机工作原理如图 20 - 1 所示。预制好的湿涂料在料缸里被一定压力压出来,把湿涂料挤压在向前移动的焊条芯上,料缸中粉料的压力和焊条芯向前的速度都是可以调节的。

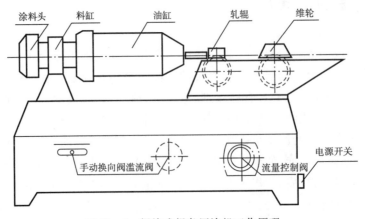

图 20 - 1　螺旋式焊条压涂机工作原理

3. 实验准备

每组同学可查阅文献资料,自行设计焊条药皮配方。或在下列基础配方中选一个,通过查找资料确定最终配方(以下各成分数值为质量比)。

焊条 1:金红石 25～35、钛白粉 8～12、大理石 10～15、白云石 7、长石 5、白泥 12、云母 8、锰铁 15。

焊条 2:金红石 36～44、钛白粉 4～10、白云石 5～9、长石 9、白泥 10、云母 7、锰铁 12。

焊条 3:金红石 26～32、钛白粉 7～11、白云石 8～12、钛铁矿 6～10、白泥 14、云母 10、锰铁 14。

焊条 4:钛白粉 6～12、白云石 10～15、钛铁矿 24～32、长石 14、白泥 14、云母 6、锰铁 17。

焊条 5:金红石 5～10、钛白粉 4～8、大理石 40～50、白云石 14～22、钛铁矿 6、云母 5、硅铁 14。

4. 焊条制备过程

(1)用细砂纸磨去焊芯表面的锈污,在压涂药皮之前焊芯表面应保持光洁,每组 10 根。

(2)参考焊条的药皮配方,初步确定同一类型焊条不同焊条药皮配方各种物质的用量,配料表按实际配方自行设置。

(3)干混:根据初步确定的配方,用盘式分析天平准确称出所需各种物质的用料,总重量一般为 3kg(可根据具体条件而定),放入面盆(或研体)中,拌和均匀为止,要求药粉颜色一致,不得有块状、粗粒状粉末存在。

(4)湿混:测取所用水玻璃比重,然后将水玻璃逐渐加入拌合后的粉料中,搅拌均匀(实验时可缓慢加入水玻璃,切不可一次加入过多),手感干湿程度适当为止(涂料用手可成团,但又不黏手)。

(5)将湿涂料装入压涂机的料缸中,压实,然后开始压涂。

(6)每种配方压涂 10 根。将压涂成的焊条标上记号,焊条前端做好倒角,便于引弧;另一端用刀刮去 15mm 左右药皮,露出焊芯,然后自然晾干。24h 后放入烘干箱中烘干,烘干程序为 90℃～120℃,保持 3～4h,再升温至 200℃～250℃,保持 2h。

(7)使用磨头磨尾机对焊条两端进行打磨。

(8)焊条压涂完毕后,将面盆(或研体)、压涂机料缸、量筒以及其他窗口等用水清洗干净,并将多余粉料倒入垃圾箱内(切勿倒入水池内,以防堵塞)。

5. 焊条工艺性能测试

(1)电弧稳定性试验

① 断弧长度的测定

将焊条垂直夹在特制的支架上,焊条下方放置一块钢板,焊条与钢板分别为电源的两极。接通电源后,用碳棒引燃电弧,随着焊条的熔化,电弧长度逐渐增加,当达到一定长度时,电弧自行熄灭。待断电后测量从焊缝顶端至焊芯端头的距离,这个距离即为断弧长度,一般三次测试的平均值为焊条的断弧长度。断弧长度大者表明电弧稳定性为优。

② 平均断弧次数的测定

在相同试验条件下,将焊条与钢板倾斜 70°,以直线运条,施焊一整根焊条,观察记录灭弧、喘息的次数,以平均断弧次数的多少来评定电弧的稳定性,次数多则为电弧稳定性差。

(2)再引弧性能试验

在同等试验条件下,将同类数种焊条分别在试板上施焊,当焊至 1/2 处时,立即断弧,待停弧一定时间(如 1s,2s,3s,4s,5s…)后,再将焊条分别在另一块冷钢板上轻轻接触,观察电弧可否引燃。不断地延长停弧时间,继续试验,直至不能再引弧为止(不超过30s)。断弧间隔时间越长亦能引燃者,表明引弧性能越好。

(3)焊条飞溅大小的试验

焊条焊接时的飞溅大小,以飞溅率表示,可按下列公式计算:

$$飞溅率＝飞溅物质量/[焊前焊条的质量－焊后焊条质量]×100\% \qquad (20-1)$$

式中:飞溅物质量、焊前焊条的质量、焊后焊条质量的单位均为 g。

测定飞溅率的方法是将与焊条相匹配的试板,垂直旋转于厚 5mm 的纯铜板上,周围用 1mm 的纯铜皮围成高 300mm 的椭圆形屏壁,以利于收集飞溅物。在同等试验条件下在试板侧面进行整根焊条平焊,当焊至焊条剩余约 50mm 时停焊,收集飞溅物,并称焊条的焊前、焊后剩余部分质量和飞溅物质量即可计算出飞溅率。

(4)成形试验

焊接熔渣的熔点、凝固温度区间的大小、黏度、表面张力、体积质量等均与熔渣的流动性有直接的关系,且熔渣的流动性会直接影响熔渣覆盖的均匀性和焊缝金属的成形。为确定熔渣的流动性和焊缝成形性质,观察对比同类焊条的熔渣流动性及焊缝成形情况。

① 上坡焊

试板与水平面倾斜 10°,并使焊条与试板成 80°的夹角,在同等试验条件下,焊条自下往上坡施焊,直线运条,观察对比同类焊条的熔渣流动性及焊缝成形情况。

② 下坡焊

试验条件与检验方法同上坡焊一样,所不同的是焊条自上往下坡施焊。

③ 宽坡焊

将试板置于水平位置,使焊条与试板成 70°的夹角,在相同试验条件下,在试板上堆焊一层宽 20～25mm 的焊缝,待冷至室温后,再堆焊第二层焊缝。观察熔渣的流动性和焊缝成形情况。

(5)脱渣性试验

在同等试验条件下,采用与焊条匹配的试板开坡口,对接施焊。试板的两端空出不焊。每焊完一层后,停 1min 开始做锤击试验。锤击试验方法:采用 1kg 的钢球,置于高2m 的支架上,使钢球自由下落到已焊试板的背面,可连击预定的次数(一般为 1min 内 10次)观察并测量脱渣情况。然后按下式计算脱渣率:

$$脱渣率＝[焊缝总长度－未脱渣的焊缝长度]/焊缝总长度×100\% \qquad (20-2)$$

式中:焊缝总长度、未脱渣的焊缝长度、焊缝总长度的单位均为 mm。

脱渣率越大,表明焊条的脱渣性越好。

6. 焊接接头组织观察与分析

焊接冷却后,用钢锯截取 15mm×20mm 左右焊接接头试样,但必须包括焊缝、热影响区、母材三区。将有试样的截面用砂轮磨平(上下两平面应尽量平行),然后依次使用 120♯、240♯、400♯、600♯水砂纸和 400♯、600♯、800♯金相砂纸打磨,最后进行抛光并清洗干净。用 4%硝酸酒精溶液进行腐蚀后,用金相光学显微镜对焊接接头各区域进行显微组织观察。

7. 焊接接头的硬度测试

硬度实验是一种简便的性能实验方法,通常,材料硬度高,意味着它的强度也高,抗拉强度与硬度大致呈线性关系。硬度升高,塑性降低,一般而言,韧性也变差。

将硬度试样表面磨平,使待测面与底面平行,并用金相砂纸打磨,利用洛氏硬度计进行硬度测试。初始试验力为 10kgf,总试验力为 150kgf,保持时间为 2.0s。每个试样测量 3 次,记录实验结果,结果取平均值。若焊缝金属及母材硬度低,可以减小试验加载力,采用表面洛氏硬度测试或采用维氏硬度测试。

【实验结果与分析】

(1)查找文献资料,设计焊条药皮配方,包括每种原料的重量。

(2)使用自制焊条和市场 J422 焊条进行对比实验,对各种实验数据进行分析,并能得出较恰当的结论。

(3)手写实验报告,画出焊缝组织示意图并分析组织类型。

焊缝质量检验

根据《钢结构焊接规范》(GB 50661—2011)的规定,钢结构焊接质量检查由专业技术人员担任,并须经岗位培训取得质量检查员岗位合格证书。

根据国家标准《钢结构工程施工质量验收规范》(GB 50205—2020)的规定,对下列各方面进行检查:

(1)检查焊条、焊丝、焊剂、电渣焊熔嘴等焊接材料,是否与母材匹配;是否符合设计要求及国家现行标准《钢结构焊接技术规程》(GB 50661—2011)的规定。焊条、焊剂、药芯、熔嘴使用前,是否按产品说明书及焊接工艺的规定进行烘熔合存放。

(2)检查焊工是否经考核并取得合格证书,是否在其考试合格项目及其认可范围内施工。

(3)检查焊接工艺评定报告。

(4)设计要求全焊透的一、二级焊缝,应采用超声波探伤进行内部缺陷检验,超声波探伤不能对缺陷做出判断时,应采用射线探伤。其内部缺陷分级及探伤方法应符合现行国家标准《钢焊缝手工超声波探伤方法和探伤结果分级》(GB/T 11345—2013)、《焊缝无损检测线检测 第 1 部分:X 和伽玛射线的胶片技术》(GB/T 3323.1—2019)以及《焊缝无损检测 射线检测 第 2 部分:使用数字化探测器的 X 和伽玛射线技术》(GB/T 3323.2—2019)的规定。

一级、二级焊缝质量等级及缺陷分级应符合表 1 的规定。

表 1 一级、二级焊缝质量等级及缺陷分级

焊缝质量等级		一 级	二 级
内部缺陷 超声波探伤	评定等级	Ⅱ	Ⅲ
	检验等级	B 级	B 级
	探伤比例	100%	20%
内部缺陷 射线探伤	评定等级	Ⅱ	Ⅲ
	检验等级	AB 级	AB 级
	探伤比例	100%	20%

注:探伤比例的计数方法应采用以下原则确定:①对工厂制作的焊缝,应按每条焊缝计算百分比,且探伤长度应不小于 200mm,当焊缝长度不足 200mm 时,应对整条焊缝进行探伤;②对现场安装的焊缝,应按同一类型、同一施焊条件的焊缝条数计算百分比,探伤长度应不小于 200mm,并应不少于 1 条焊缝。

(5)T 形接头、十字形接头、角接接头等要求熔透的对接和角对接组合焊缝,其焊脚尺寸不应小于 $t/4$,如图 1(a)~(c)所示;焊接尺寸设计有疲劳验算要求的吊车梁或类似

结构的腹板与上翼缘连接焊缝的焊脚尺寸为 $t/2$，如图 1(d)所示，且不应大于 10mm。焊脚尺寸的允许偏差为 0～4mm。检查时同类焊缝抽查 10％，且不少于 3 条。

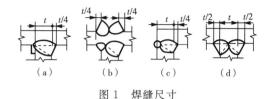

图 1　焊缝尺寸

（6）焊缝表面不得有裂纹、焊瘤等缺陷；一级、二级焊缝不得有表面气孔、夹渣、弧坑裂纹、电弧擦伤等缺陷；一级焊缝不得有咬边、未焊满、根部收缩等缺陷；检查时每批同类构件抽查 10％，且不少于 3 件；被抽查构件中，每一类型焊缝按条数抽查 5％，且不应少于 1 条；每条检查 1 处，总抽查数不应少于 10 处。

（7）二级、三级焊缝外观质量标准应符合表 2 的规定。三级对接焊缝应按二级焊缝标准进行外观质量检查。检查时每批同类构件抽查 10％，且不少于 3 件，被抽查构件中，每一类型焊缝按条数抽查 5％，应不少于 1 条；每条检查 1 处，总抽查数不应少于 10 处。

（8）焊缝尺寸允许偏差，应符合表 3 和表 4 的规定。检查时每批同类构件抽查 10％，且不少于 3 件；被抽查构件中，每种焊缝按条数各抽查 5％，但不少于 1 条；每条检查 1 处，总抽查数不少于 10 处。

（9）焊成凹形的角焊缝，焊缝金属与母材间相应平缓过渡；加工成凹形的角焊缝，不得在其表面留下切痕。检查时每批同类构件抽查 10％，且不少于 3 件。

表 2　二级、三级焊缝外观质量标准

项　目	允　许　偏　差	
缺陷类型	二　级	三　级
未焊满（指不足设计要求）/mm	小于等于 0.2+0.02t，且小于等于 1.0	小于等于 0.2+0.04t，且小于等于 2.0
	每 100.0 焊缝内缺陷总长≤25.0	
根部收缩/mm	小于等于 0.2+0.02t，且小于等于 1.0	小于等于 0.2+0.04t，且小于等于 2.0
	长度不限	
咬边/mm	小于等于 0.05t，且小于等于 0.5：连续长度小于等于 100.0，且焊缝两边咬边总长小于等于 10％焊缝全长	小于等于 0.1t，且小于等于 1.0，长度不限
弧坑裂纹/mm	—	允许存在个别长度小于等于 5.0 的弧坑裂纹
电弧擦伤/mm	—	允许存在个别电弧擦伤
接头不良/mm	缺口深度 0.05t，且小于等于 0.5	缺口深度 0.1t，且小于等于 1.0
每 1000.0 焊缝不应超过 1 处		

（续表）

项 目	允 许 偏 差	
缺 陷 类 型	二 级	三 级
表面夹渣/mm	—	深小于等于 0.2t，长小于等于 0.5t，且小于等于 20.0
表面气孔/mm	—	每 50.0 焊缝长度内允许直径小于等于 0.41，且小于等于 3.0 的气孔 2 个,孔距大于等于 6 倍

注:表内 t 为连接处较薄的板厚。

表 3 　对接焊缝及完全熔透组合焊缝尺寸允许偏差

序 号	项 目	图 例	允 许 偏 差	
			一级、二级	三 级
1	对接焊缝余高 c/mm		b<20:0～3.0 b≥20:0～4.0	b<20:0～4.0 b≥20:0～5.0
2	对接焊缝错边 d/mm		d<0.15t， 且≤2.0	d<0.15t， 且≤3.0

注:表内 t 为连接处较薄的板厚。

表 4 　部分焊透组合焊缝和角焊缝外形尺寸允许偏差

序 号	项 目	图 例	允 许 偏 差
1	焊脚尺寸 h_f/mm		h_f≤6:0～1.5 h_f>6:0～3.0
2	角焊缝余高 c/mm		h_f≤6:0～1.5 h_f>6:0～3.0

注:①h_f>8.0mm 的角焊缝其局部焊脚尺寸允许低于设计要求值 1.00mm,但总长度不得越过焊缝长度 10%;②焊接 H 形梁腹板与翼缘板的焊缝两端在其两倍翼缘板宽度范围内,焊缝的焊脚尺寸不得低于设计值。

（10）焊缝感观应达到外形均匀、成形较好,焊道与焊道、焊道与基本金属间过渡较平滑,焊渣和飞溅物基本清除干净的要求。检查时每批同类构件抽查 10%,且不少于 3 件;被抽查构件中,每件焊缝按数量各抽查 5%,总抽查处不少于 5 处。

无损检验包括 X 射线检验和超声波检验两种。

X 射线检验焊缝,缺陷分两级,应符合表 5 规定,检验方法应按照《焊缝无损检测

线检测　第 1 部分:X 和伽玛射线的胶片技术》(GB/T 3323.1—2019)以及《焊缝无损检测　射线检测　第 2 部分:使用数字化探测器的 X 和伽玛射线技术》(GB/T 3323.2—2019)的规定进行。

表 5　X 射线检验质量标准

项　次	项　　目		质　量　标　准	
			一　级	二　级
1	裂纹		不允许	不允许
2	未熔合		不允许	不允许
3	未焊透	对接焊缝及要求焊透的 K 形焊缝	不允许	不允许
		管件单面焊	不允许	深度小于等于 10%(但不得大于 1.5mm,长度小于等于条状夹渣总长)
		母材厚度/mm	点数	点数
		5.0	4	6
		10.0	6	9
		20.0	8	12
		50.0	12	18
		120.0	18	24
		单个条状夹渣	$\delta/3$	$2\delta/3$
		条状夹渣总长	在 12δ 的长度内不得超过 δ	在 6δ 的长度内不得超过 δ
		条状夹渣间距	$6L$	$3L$

注:δ——母材厚度(mm);
　　L——相邻两夹渣中较长者(mm)。

超声波检验焊缝质量,是利用频率 20000Hz 的电磁波的声能,传入金属材内部,在不同的界面产生的反射波来传达焊缝内部的信息。应符合表 5、表 6 和 NB/T 47103.3—2015/XG1—2018 的规定。

表 6　气孔点数换算表

气孔直径/mm	<0.5	0.6～1.0	1.1～1.5	1.6～2.0	2.1～3.0	3.1～4.0	4.1～5.0	5.1～6.0	6.1～7.0
换算点数	0.5	1	2	3	5	8	12	16	20

超声波检验焊缝质量,一般执行《承压设备无损检测　第 3 部分:超声检测》(NB/T 47103.3—2015/XG1—2018)的规定,它与《钢结构焊接规范》(GB 50661—2011)规定的

超声波探伤等级标准是一致的。

点数——计算指数,是指 X 射线底片上任何 10mm×50mm 焊缝区域内(宽度小于10mm 的焊缝,长度仍用 50mm)允许的气孔点数,母材厚度在表 5 中所列厚度之间,其允许气孔点数用插入法计算取整数,各种不同直径的气孔按表 6 换算点数。

高层钢结构的超声波探伤,可由设计与各有关方面商讨选择探伤标准。《钢焊缝手工超声波探伤方法和探伤结果分级》(GB/T 11345—2013)对不同工程、不同构件和其使用条件及承受载荷的不同,规定了 A、B、C 三个检验等级,A 级最低,B 级一般,C 级最高。检验工作的难度系数按 A、B、C 顺序逐级升高。不同板厚的探伤等级和方法见表 7所列。

表 7　不同板厚的探伤等级和方法

板厚/mm	探 伤 面			探伤法	使用折射角及 K 值
	A	B	C		
25~50	单侧			直射法	70°($K2.5$,$K2.0$)
50~100	—	单面双侧或单面单侧		一次反射法	70° 或 60°($K2.5$,$K2.0$,$K1.5$)
				直射法	45° 或 60°;45° 和 60°;45° 和 70° 并用($K1$ 或 $K1.5$;$K1$ 和 $K1.5$,$K1$ 和 $K2.0$ 并用)
>100	—	双面双侧			45° 和 60° 并用($K1$ 和 $K1.5$ 或 $K2.0$ 并用)

焊缝检出缺陷后,要制定焊缝返修方法。外观缺陷返修较简单。对焊缝内部缺陷,应用碳弧气刨刨去缺陷,刨去长度应在缺陷两端各加 50mm,刨削深度也应将缺陷完全清除,露出金属母材,并经砂轮打磨后施焊。返修焊接工艺应与原定焊接工艺相同,也应严格执行预热、后热等原定方案。同一条焊缝一般允许连续返修补焊 3 次,重要焊缝允许返修 2 次。补焊返修后的焊缝应该重新探伤。

焊接安全防护知识

1. 电磁场可能有危险性

焊接电流将在焊接电缆和焊机周围产生 EMF 场,必须执行下列步骤以减少焊接回路 EMF 区的暴露程度:

(1)严禁焊接电缆缠绕在身体周围。

(2)不要将身体置于焊丝和工件电缆之间。

(3)工件电缆与工件的连接应尽可能靠近施焊区域。

2. 电弧射线可能产生灼伤

(1)当焊接或观察电弧时,使用有滤光镜和盖板的面罩以防止眼睛被火花或弧光灼伤。

(2)选用耐用的阻燃材料制作的合适衣服,以保护自己和助手的皮肤以免受电弧射线的伤害。

(3)采用合适的及不可燃的保护屏防护焊接附近的其他人员,并警告其不要观看电弧或暴露于电弧射线或接触灼热的飞溅物或金属件。

3. 谨防触电

(1)在焊机接通时,焊丝和工作(接地),回路带电。不要将裸露的皮肤或湿衣服接触这些带电零部件,穿戴干燥和无孔洞的手套使双手绝缘良好。

(2)采用干燥的绝缘物体使自身与工件和大地绝缘。确保绝缘部位足以覆盖自己与工件和大地接触的全部区域。

(3)在半自动或自动焊丝焊接时,焊丝、焊丝盘、焊接机头、导电嘴或半自动的焊枪均带电。

(4)务必保证工作电缆与要焊接的金属连接良好。连接要尽可能靠近焊接区。

(5)使工件或被焊的金属件形成良好的电气接地。

(6)将焊丝架、工件夹、焊接电缆和焊接设备保持于完好而安全的使用状态。更换被损坏的绝缘件。

(7)禁止将焊丝浸没于水中进行冷却。

(8)禁止同时接触分别连接于两台焊机焊丝架中的带电零件,因为它们两者之间的电压可能为两台焊机开路电压的总和。

4. 谨防焊接烟尘

(1)焊接可能产生对健康有害的烟雾和气体,应避免吸入。在焊接时,头部应远离烟雾。采用充分的通风和(或)排气设施使烟雾和气体远离呼吸区域。

(2)不要在靠近因润滑、清洁或喷涂过程所产生的氯化烃蒸气处进行焊接,电弧的热量和射线会和有溶解力的蒸汽反应而形成碳酰氯（一种剧毒气体）和其他引起刺激性的产物。

（3）电弧焊接所用的保护气体可能排空空气，引起人身伤害或窒息。为了确保吸入的空气安全，务必采用充分的通风设施，尤其在封闭的区域更应如此。

5. 谨防火灾

（1）在焊接区域应消除火灾隐患，如果不可行，应加以覆盖以防止焊接火星引起火灾。焊接产生的火星和灼热的材料容易通过细小的裂缝和开口而扩及附近区域。将灭火器放置于易取之处。

（2）在不焊接时，确保焊丝回路中的任何元件不与工件或大地接触。无意接触也可能引起过热并产生火灾。

（3）在没有采取合适措施及确定是否会产生易燃及有毒气体之前，禁止加热、切割或焊接油箱、桶或其他容器。即使已经清理也会发生爆炸。

（4）在焊接电弧中会抛射出火花和飞溅物。须穿戴无油的保护服装，如皮手套、厚实的衬衣、无端口的长裤、高帮鞋和帽子。

（5）电焊着火时，应先切断电源，再用二氧化碳、1211等灭火器灭火，禁止使用泡沫灭火器。

6. 气瓶损坏会引起爆炸

（1）焊接前检查气瓶、软管、接头等是否处于良好的使用状态。

（2）务必将气瓶放置于垂直位置，其应牢固连接于小车或固定支架。

（3）气瓶应放置于远离气瓶可能受到撞击或机械损坏的区域，并与电弧焊接或切割操作和任何其他的热源、火星或火焰处保持安全的距离。

（4）禁止使焊丝、焊丝架或其他带电的零件接触气瓶。

（5）在打开气瓶阀时，将头部和脸部远离气瓶阀出口处。

（6）除了气瓶在使用中或连接后将使用之外，阀保护盖务必处于正确的位置，并处于适紧的状态，即用手拧紧后，在必要时用手也能拧开。

7. 谨防烫伤

（1）禁止触碰刚焊后的工件及焊材。

（2）注意观察周围环境，谨防焊枪及焊材烫伤周围人员。

附录　焊接工艺卡模板

焊接工艺卡			编号:SLB-001
			版次:第一版
项目名称:水冷壁		母材材质:12Cr1MoVG	母材规格:Φ33.4×7.1
支持的焊接工艺评定报告:2020-R-05		执行标准:DL/T 869—2012	
焊接方法:GTAW	焊接位置:全位置	接头形式:对接	
钝边厚度:0.5~1mm	组对间隙:1~2mm	根部细节(背面打磨、背面衬垫):无	

坡口形式:

焊接材料:TIG-R31		
焊接材料处理:清除锈、垢、油污		
焊枪保护气体	成分:Ar,纯度≥99.99%	
	流速:6~10L/min	
	喷嘴尺寸:Φ8	
背面保护气体	成分:/	
	流速:/	
钨极直径/型号:Φ2.5　铈钨		

焊前准备、清理与检查:去除坡口及边缘 10~15mm 范围内所有的锈、垢、油污;检查对口尺寸	预热温度、方法与测温:火焰预热,打底温度 150℃~300℃,预热温度 200℃~300℃;红外线测温仪测温	层间温度与控制:200℃~300℃	后热或焊后热处理:缓冷

焊接规范参数

层(道)	焊接方法	焊接材料直径/mm	电流/A	电压/V	电源极性	焊剂/气体	焊接速度范围/(mm·min⁻¹)
1	GTAW	Φ2.5	105~125	11~12	正接	Ar	50~65
2	GTAW	Φ2.5	115~135	10~12	正接	Ar	55~75
3	GTAW	Φ2.5	120~135	11~12	正接	Ar	65~85

施焊注意事项:(1)焊接中应将每层焊道接头错开 10~15mm;(2)应注意熔池和收弧接头质量,避免出现弧坑裂纹;(3)多层多道焊缝焊接时应逐层检查,合格后方可焊接次层焊缝

备注:(焊接接头表面质量标准)焊缝成形美观、匀直、细密、接头良好;焊缝余高小于 2mm;无咬边;错边小于 0.71mm;角变形小于 2mm;无裂纹、弧坑、气孔、夹渣

编制:	审批:

参 考 文 献

［1］黄石生．弧焊电源及其数字化控制［M］．北京：机械工业出版社，2007．

［2］赵熹华．焊接检验［M］．北京：机械工业出版社，1991．

［3］李亚江．焊接冶金学——材料焊接性［M］．2 版．北京：机械工业出版社，2016．

［4］张文钺．焊接冶金学(基本原理)［M］．北京：机械工业出版社，1995．

［5］王宗杰．熔焊方法及设备［M］．2 版．北京：机械工艺出版社，2016．

［6］方洪渊．焊接结构学［M］．2 版．北京：机械工业出版社，2017．

［7］陈玉华，孙国栋．焊接技术与工程专业实验教程［M］．北京：航空工业出版社，2016．

［8］姚宗湘，王刚，尹立孟．焊接技术与工程实验教程［M］．北京：冶金工业出版社，2017．